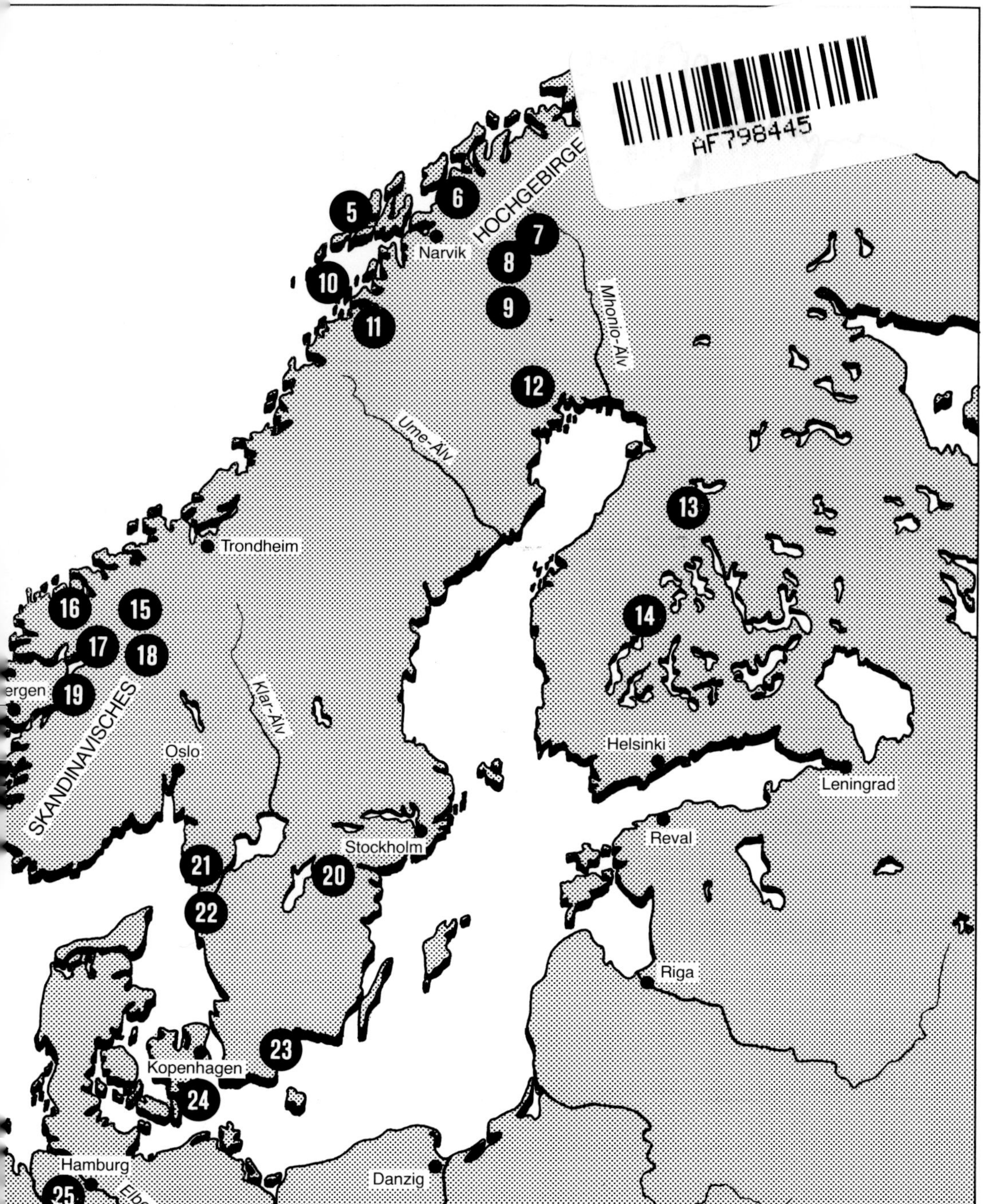

	Bildnummer
28	= 166, 182, 187
29	= 167
30	= 18, 19, 20
31	= 104, 185
32	= 227
33	= 193
34	= 73, 74, 75, 76
35	= 188
36	= 189

	Bildnummer
37	= 131
38	= 118, 124
39	= 224
40	= 175
41	= 140
42	= 43, 84
43	= 147, 148
44	= 34, 35, 37, 40, 41, 42, 63, 64, 92, 216

Felix R. Paturi   Natur erleben in Europa

Felix R. Paturi

Natur erleben in Europa

Faszinierende Schönheit
am Rande europäischer Reisewege

Econon Verlag Düsseldorf · Wien

Bildquellen

Abb. 9, 29, 85, 155, 157, 211, 214: Walter Zeitschel, Hanau
Abb. 140: Dr. Herbert W. Franke, Puppling
Abb. 175: Rudolf Berger, Illmitz
Abb. 176: Rolf Mahr, Dürnau
Abb. 243: Rolf Kummer, Rodenbach
Alle anderen Aufnahmen: Felix R. Paturi

1. Auflage 1978

Gesetzt aus der Times der Linotype GmbH
Satz: Otto Gutfreund, Darmstadt
Druck und Bindearbeit: Richterdruck, Würzburg
ISBN 3 430 17376 0

Für meinen Vater

Inhalt

»Die Natur mit dem Zollstock beleben«

Friedrich von Raumer, 1861

Wer reist, um Wissen zu suchen,
dem wird Gott das Paradies zeigen.
(Prophet Muhammad)

Es gibt verschiedene Arten des Reisens: die Geschäftsreise, die Luxuskreuzfahrt, den Nichtstuerurlaub am Badestrand, die Studienreise, den Abenteuertrip, die Forschungsexpedition und sämtliche nur erdenklichen Übergangsformen. Eines ist allen gemein, nämlich daß der, der eine Reise tut, etwas erzählen kann. Aber Stil und Inhalt solcher Erzählungen gehen bereits wieder weit auseinander. Bemerkenswert einheitlich sind bestenfalls wissenschaftliche Reiseberichte, sachliche Beschreibungen mit Titeln wie »Verbreitung der jungvulkanischen Gesteinssippen«, »Beitrag zur Karstphänomenologie auf den Britischen Inseln«, »Die geologische Entwicklung der Liet-Höhle im Warsteiner Massenkalk«. Wie einsichtsvoll, tiefschürfend und manchmal sogar notwendig derartige Versuche, die Natur mit dem Zollstock zu vermessen, auch sein mögen, eines bleibt ihnen verschlossen: die andächtige Freude, die im Erleben einer wundervollen

Schöpfung liegen kann. Diese Berichte sind sachlich und nüchtern; sie sezieren, sie zerstückeln die Natur in Fachdisziplinen und machen sie nicht selten zum Spielfeld zänkischer Dispute.

Ein anderes Bild der Natur malen in bunten Farben Schilderungen romantischer Prägung: »Du meine rote Heide...! Grenzenlos ist deine Schönheit, die leuchtende; grenzenlos deine Stille, die träumende« sang Heidedichter Uwe Karsten. – »Im Winter den Sommer genießen: beschaulich, abwechslungsreich, exotisch. Palmen und Blumen, die an Afrika erinnern. Von ›trist‹ keine Spur.« So zeichnet ein moderner Reiseveranstalter den Traumurlaub von Millionen. Jedes Verständnis für innere Zusammenhänge ist dem einseitig Emotionellen gewichen.

Wie tief erscheinen gegenüber wissenschaftlichem Traktat und romantischer Schwärmerei die Worte Muhammads, »Wer reist, um Wissen zu suchen, dem wird Gott das Paradies zeigen«. Sie sollen der Schlüssel zum vorliegenden Buch sein, das als Versuch gedacht ist, Europas Naturwunder mit dem Zollstock des Wissenschaftlers nicht zu *vermessen,* sondern wirklich zu *beleben.*

»Woher dz Fewr sein ursprung hab«

Sebastian Münster, 1541

Der Stromboli bricht aus

»Am 11. September um 8 Uhr 10 Minuten stieß der Krater plötzlich und ohne Vorzeichen eine dunkle Aschenwolke aus, die rollend und wirbelnd in die Höhe stieg und einen eng begrenzten Aschenregen verursachte. Nach etwa zehn Minuten schien der Berg sich wieder beruhigen zu wollen: die Förderung hörte ganz auf. Unerwartet ereigneten sich kurz hintereinander um 9 Uhr 52 Minuten zwei ungemein heftige Explosionen, deren Donner über 60 Kilometer weit gehört wurde. Über dem Krater erhob sich eine 2,5 Kilometer hohe Eruptionswolke in Pinienform. 30 Tonnen schwere Gesteinsblöcke wurden drei Kilometer weit geschleudert und zerstörten mehrere Häuser in Ginostra. Kurz vor den Explosionen hob sich die ganze Insel etwa einen Meter in die Höhe, um nachher zurückzusacken, wobei eine zwei Meter hohe Flutwelle hereinbrach.

Gleich nach den Explosionen, die nur Trümmer von Teilen des alten Schlotpfropfens ausgeworfen hatte, setzte ein dichter Regen stark aufgeblähter und hellglühender Schlacken ein, der zehn Minuten lang dauerte. Dann folgten Aschen. Die Lockermassen häuften sich in den

1 Im Oktober 1971 entstand im Süden der Kanareninsel La Palma ein neuer Berg: der Vulkan Teneguia. Aus mehreren Kratern schleuderte er ungeheure Massen glasiger schwarzer Asche in die Luft. Dann flossen Ströme glutflüssiger Laven aus. Das Bild zeigt den Berg etwa sechs Wochen nach dem Ausbruch.

2 Der Monte Pelato auf Lipari ist durch und durch aus weißem Bimsstein aufgebaut; heute ein gewinnbringender Exportartikel.

oberen Hängen zu einer fast meterdicken Lage an, die an einigen Stellen den Halt verlor und ins Rutschen geriet. Dabei wurden die spröden Wurfschlacken zerrieben und die darin okkludierten Gase befreit. Es bildete sich so eine den gefürchteten Glutwolken ähnliche Suspension von Aschen und Steinen in heißen Gasen, die als Glutlawine zu Tal ging. Wie eine flüssige Masse sauste sie mit einer Fronthöhe von 8 bis 10 Metern und einer Geschwindigkeit von 15 bis 20 Metern pro Sekunde durch eine enge Schlucht bis ins Meer. Die Menge des bewegten Materials betrug etwa 75000 Kubikmeter, seine Temperatur mindestens 700° C. Drei Menschen kamen in der Glutlawine um, ein vierter wurde vom aufkochenden Meer in der Nähe der Mündungsstelle der Glutlawine verbrüht und starb an den Folgen.
Schon nach 40 Minuten nahmen die Lockerauswürfe ab, und in den nächsten zwölf Stunden ergossen sich mehrere Lavaströme über die steilen Hänge des Strombolis ins Meer. Der ganze Ausbruch hatte knapp 15 Stunden gedauert.«

So sachlich berichtet der Schweizer Vulkanwissenschaftler Professor A. Rittmann vom größten historischen Ausbruch des Stromboli vom Jahre 1930. Trotz der nüchternen Ausdrucksweise des Gelehrten ersteht ein Bild ungebändigter Naturgewalt, beeindruckend, spektakulär, grausam. Es gibt plastischere Beschreibungen vom Inferno vulkanischer Urlandschaften, von ehrfurchtsvoller Ergriffenheit bis hin zum panischen Schrecken. Aber alle Worte versagen gegenüber dem Erleben eines so imponierenden Geschehens, das mit einem leichten Zittern der Erde beginnt und sich unter gewaltigem Röhren, Donnern und Blitzen zur ekstatischen Raserei einiger Kubikkilometer glühender Aschen, Laven und Gaswolken steigern kann. Der Eindruck ergreift mit unbeschreiblicher Faszination alle Sinne zugleich. Die Augen folgen dem dampfenden Gasstrahl, der zischend einige Kilometer in die Höhe schießt. Der Körper fühlt das Zittern und dumpfe Stoßen der erschütterten Erde. Scharfriechende Gase entweichen aus Kratern und glutflüssiger Lava und belästigen die Nase. Die Haut spürt Hitze und das Jucken heißer Asche. Ein bittersalziger Geschmack entwickelt sich im Mund. Und die Ohren beeindrucken abwechselnd unterirdisches Rollen, der Donner gewaltiger Explosionen, das Niederprasseln von Steinen und Asche, das fauchende Zischen aus der Erde schießender Dampf- und Gassäulen, das eigentümliche metallische Knistern fließender Lavaströme, das an das Geräusch heftig bewegter riesenhafter Zinnbleche erinnert.

Der Beobachter ist ergriffen. Er ahnt, was hier vorgeht. Fassen kann er es nicht, denn es übersteigt jedes menschliche Vorstellungsvermögen. Zu gewaltig sind die freigesetzten Energien, zu mächtig die ausgeworfenen Massen.

Als 1783 die viele Kilometer lange Kraterreihe des Laki auf Island den größten Lavastrom der Geschichte ausspie, bedeckten glutflüssige Massen 565 Quadratkilometer fruchtbaren Landes und wälzten ganze Kirchengemeinden nieder. Die Lavamenge würde genügen, die gesamte Schweiz 30 Zentimeter hoch zu bedecken. Giftiger blauer Nebel vernichtete beinahe alles Weideland der Insel und breitete sich schließlich über ganz Europa aus.

Die Energie, die bei solchen Riesenausbrüchen frei wird, entspricht nicht selten der einiger Hunderttausend oder gar Millionen Wasserstoffbomben. Die Auswurfsmenge erreicht Kubikkilometer. Ganz Island, die Liparischen Inseln nördlich Siziliens und die Kanaren sind durch Vulkanausbrüche entstanden. Die Nachwehen der Geburt Surtseys, jener kleinen Vulkaninsel, die erst 1963 unter Donnern und Blitzen aus dem Meer südlich von Island auftauchte, beschreibt das Tagebuch des Vulkanologen Sigurður Thórarinsson aus Reykjavík: »Fast einen halben Monat war die Insel alt und hatte eine Höhe von einhundert Metern und einen Durchmesser von einem Kilometer erreicht. Heftig tobte der Sturm und türmte hohe Wellen auf. Gewaltige Wogen fegten über das kleine Küstenwachtschiff hinweg. Hoch am Himmel raste der zunehmende Mond durch die Wolken. Der Vulkan war in höchst erregter Tätigkeit. Unaufhörlich schoß die Eruptionswolke empor, und als es dunkelte, verwandelte sich diese Wolke in eine Feuersäule, und der ganze Vulkankegel rötete sich von den dicht niederfallenden Wolken, die den Hang herunterrollten und im Brandungsgürtel rings um die Insel verschwanden. Blitze peitschten aus der Eruptionswolke, und die Donnerschläge krachten unmittelbar über unseren Köpfen. Das ständige Grollen des Vulkans, das Rollen des Donners und das scharfe Knallen der ins Wasser niederklatschenden Bomben vereinigten sich zu einer eindrucksvollen Symphonie.«

Die Geburt einer Insel

3 Die Montañas del Fuego, das Feuergebirge auf Lanzarote, ist ein einziges Meer aus Gekröselava, aus der ganze Ketten von Vulkankegeln aufragen.

4 Oft sind die Aschen der Lanzarote-Vulkane farbig, was der unirdisch wirkenden Kraterlandschaft einen besonderen Reiz verleiht.

5 Große Polyvulkane sind oft von einem ganzen Netz verschiedener Sills oder Gänge durchzogen, wie die Somma-Wand des Vesuv.

Berichte über ergreifende vulkanische Schauspiele sind so alt wie die Menschheit. Und doch wurde den Geologen die wirkliche Bedeutung der Vulkane erst während der drei vergangenen Jahrzehnte bewußt: die Tatsache, daß es Vulkangesteine sind, die drei Viertel unseres Planeten bedecken und die unter anderem beinahe alle Ozeanböden bilden; die Tatsache, daß Vulkane den größten Teil der Erdatmosphäre ausgehaucht haben und daß sie es waren, die beinahe den gesamten Wasserdampf für die Entstehung der Meere lieferten. Und diese Vorgänge gehören keineswegs ins geologische Geschichtsbuch. Sie spielen sich noch heute ab.

Wie Vulkane entstehen

Professor Rittmanns Beschreibung vom Ausbruch des Stromboli spricht von Aschen, Wurfschlacken und Glutlawinen, Thórarinsson berichtet von Eruptionswolken und Bomben, und die Krater der Laki-Vulkanreihe entsandten gewaltige Lavamassen. Was für Material ein Vulkan fördert und wie er es ausspeit, hängt von einer ganzen Reihe verschiedener Voraussetzungen ab. Schon die Erstausbrüche neu entstehender Vulkane können recht unterschiedlich verlaufen.

Die etwa hundert Kilometer dicke äußere Schale der Erde – Geologen sprechen von der Lithosphäre, der »Steinschale« – schwimmt wie eine mächtige in einzelne Tafeln zerborstene Eisscholle auf glutflüssigem Magma. Im Lauf von vielen Jahrmillionen verschieben sich die Tafeln gegeneinander. An den Bruchstellen kommt es dabei immer wieder zu Spannungen, zu Unregelmäßigkeiten, an denen sich Gebirgszüge aufwerfen oder Tiefseegräben bilden, an denen die Erde beben kann und an denen sich Risse bilden, in die das Magma aus dem Erdinnern eindringt. In der Tiefe stand das Magma unter hohem Druck. Gelangt es zur Erdoberfläche, dann kann es sich entspannen und setzt dabei meistens gewaltige Gasmengen frei, die unter Zischen und Fauchen oft hoch in die Luft schießen und regelmäßig mehr oder weniger große Gesteinsmengen mit sich reißen. Unter heftigen Erdstößen und nicht selten mehreren aufeinanderfolgenden Explosionen ist ein Vulkan geboren. Ist der Weg an die Erdoberfläche erst einmal freigesprengt, dann kann die Lava, wie man das austretende Magma nennt, ruhig aus dem Riß hervorquellen und abfließen.

Das gilt allerdings nur, wenn sie relativ dünnflüssig ist und das in ihr gelöste Gas wie aus kochendem Wasser ungestört entweichen kann.

Ist die Lava zäher, dann erstarrt sie an der Oberfläche rasch, und in ihrem siedenden Inneren vereinigen sich die Gasblasen zu großen Hohlräumen, deren gewaltiger Druck dann wieder und wieder die erstarrende Schmelze zerreißt und zerspratzende Lavafetzen hoch in die Luft schleudert, nicht selten mehrere Tausend Meter. Schäumt die kochende Lava stark, dann zerstäuben die Gasexplosionen die Wände der Schaumbläschen in winzige glühende Teilchen und blasen sie manchmal bis zu einigen Dutzend Kilometern hoch. Abgekühlt gehen sie dann als feiner Aschenregen über weiten Landstrichen nieder. Manchmal reicht der Gasdruck nicht aus, die schäumende Lava auseinanderzutreiben. Sie quillt dann als zähe Masse aus der Erde und erstarrt an Ort und Stelle zu hochporösem Bimsstein, der so leicht ist, daß er auf dem Wasser schwimmt.

Manchmal reißen Vulkanerstausbrüche lange regionale Spalten auf, aus denen dann wochenlang dünnflüssige Lava fließt. Als 1783 auf Island der Laki ausbrach, warf er einen Tag lang große Aschenmengen aus, denen gewaltige Lavaströme folgten. Im Abstand von jeweils ein paar Tagen wiederholte sich das Schauspiel viermal. Jedesmal riß die Spalte unter explosivem Aschenauswurf weiter auf, und jedesmal folgten ergiebige Lavaflüsse, bis die Spalte 25 Kilometer lang war. Erst nach viereinhalb Monaten erreichte der Ausbruch seinen Höhepunkt. Insgesamt warf der Laki bei seinen Explosionen drei Kubikkilometer Asche und lockeres Gestein aus und förderte mehr als zwölf Kubikkilometer Lava. Die Geologen nennen diese Art von Vulkanismus einen *effusiven Linearausbruch;* Linearausbruch, weil er sich aus einer langen Spalte ergießt, auf der am Ende meist eine ganze Reihe einzelner Vulkankegel sitzt und effusiv nach dem aus dem Lateinischen stammenden Fremdwort effluieren, was überfließen bedeutet.

Welch gewaltige Auswirkungen solche effusive Ausbrüche haben, beweist die Tatsache, daß ganz Island, Spitzbergen, große Teile Grönlands, die Färöer, die Shetlandinseln und Hebriden, Nordschottland und Nordirland in grauer Vorzeit auf diese Weise aus dem Meer gewachsen sind.

Neben den effusiven gibt es auch rein *explosive Linearausbrüche,* aus denen keine Lava fließt. Ihr Magma ist so gashaltig und steht unter einem so hohen Druck, daß es den gesamten Vulkanauswurf in

6 In nahezu klassischer Vollkommenheit erhebt sich der zentrale Explosionskegel des Vesuv inmitten eines hügeligen Gürtels aus Asche und Lavaströmen. Längst blüht der Ginster auf den fruchtbaren uralten Vulkanböden.

7 In den Cañadas von Teneriffa. Von der Flanke des Teide wälzt sich ein mächtiger Obsidianstrom herab. An der Oberfläche dieses Naturglases hat sich eine braunrote Verwitterungskruste gebildet.

8 Nachts auf dem Stromboli: Unter mächtigem Zischen und Brüllen wirft einer der Krater Garben glühender Gesteinsbrocken und Lavafetzen aus.

verheerenden Explosionen in die Luft schleudert. Natürlich kommen auch Zwischenformen vor. Der Vulkanologe spricht dann von *gemischten Linearausbrüchen.* Ein derartiger Ausbruch, die Eldgjá, hatte auf Island im zehnten Jahrhundert einen dreißig Kilometer langen Graben ausgehoben. Gerade die gemischten Linearausbrüche liefern oft ausgesprochen beeindruckende und als Touristenziel beliebte Kraterketten, wie in der Montaña del Fuego, den Feuerbergen auf Lanzarote (vgl. Abb. 3).

Nicht immer muß gleich eine Spalte in der Erde aufreißen, um vulkanische Massen auszuspeien. Oft sind es einzelne, ganz konkrete Kanäle, durch die sich das glutflüssige Magma einen Weg ans Tageslicht bahnt. Wo dies geschieht, wölbt sich, begleitet von starken örtlichen Erdbeben, zunächst der Boden auf, bis der rasch wachsende Hügel förmlich platzt und glühende Gase aus ihm hervorbrechen. Mit elementarer Gewalt schleudern sie Grundwasser und Erde aus. Dann bricht die Lava selbst durch und räumt einen offenen Schlot aus. Steine und Felsbrocken schießen in die Luft und stürzen mit dumpfem Aufschlag auf die unterhöhlte Erde zurück. Das ist die *Schlot-räumungsbrekzie.* Ist die Lava dünnflüssig, strömt sie anschließend ruhig aus; ist sie zäh, dann blasen sie die explodierenden Gase wie beim explosiven Linearausbruch vorwiegend als Bimsstein, Aschen, Schlacken und Lavafetzen hoch.

Berge von meist typisch kegelförmiger Gestalt häufen sich auf: *Zentralvulkane.* Immer entstehen sie in der Nähe älterer Vulkane, niemals in nicht vulkanischen Gegenden. Am 26. Oktober 1971 kam es auf der kleinen waldreichen und landschaftlich so ungemein reizvollen Kanarischen Insel La Palma zu so einem Erstausbruch. Unmittelbar südlich des Vulkans San Antonio, ganz an der Südspitze der Insel, der im Jahre 1677 entstanden war, räumten junge Magmamassen unter Donnern und Tosen einen neuen Schlot aus und gebaren den Vulkan Teneguía, der einen Monat lang schwarze Asche auf viele Quadratkilometer des Inselsüdens warf und mächtige Lavaströme ausspie (vgl. Abb. 1). Besonders nachts boten die rotleuchtenden Massen, die sich zum Teil unter ohrenbetäubendem Zischen in das Meer ergossen, ein Bild urweltlicher Naturschönheit.

Nach dem Erstausbruch kann ein Vulkan wochen-, monate- oder gar jahrelang Lava fördern, er kann in eine ruhige Dauertätigkeit in der Art des Stromboli übergehen, von dem noch die Rede sein wird. Er kann aber auch sehr rasch wieder erlöschen und für Jahrzehnte, Jahrhunderte oder für immer ruhen. Ist der Schlot erst frei, dann steht späteren Folgeausbrüchen nichts im Wege. Sie können explosiven Charakter haben und nur Schlacken und Asche fördern, sie können aber auch als gemischte Ausbrüche zugleich Lavaströme ausschütten. Dabei muß der neue Ausbruch nicht immer genau am Gipfel des Vulkans erfolgen. Er kann sich auch einen Weg durch die Flanke des Berges sprengen. Explosive und gemischte Ausbrüche bei offenem Schlot sind für große Vulkane wie den Ätna, den Vesuv oder den Stromboli typisch. Professor Rittmann hatte 1929 die Gelegenheit, solch ein beeindruckendes Schauspiel aus nächster Nähe am Kraterrand des Vesuvs zu beobachten. Er schilderte das so: »Monatelang hatte die intermittierende Lavawurftätigkeit schon angedauert, als sie in der Nacht vom zweiten zum dritten Juni stark zuzunehmen begann. Am folgenden Morgen bekam der Auswurfkegel einen seitlichen Riß, aus dem Lava floß und rasch den Kraterboden überflutete.

Die Lavawürfe und der Ausfluß dünnflüssiger Lava steigerten sich immer mehr. Schon am ersten Tag erreichten die über den Kraterrand abfließenden Ströme bewohnte Gegenden am Osthang des Vesuvs. Trotz des ausgiebigen Lavaabflusses war die Schlotmündung mit einer brodelnden, äußerst dünnflüssigen Schmelze gefüllt. Um 4 Uhr 10 Minuten des 4. Juni bildete sich am Südhang des Auswurfkegels durch Abbröckeln von Schweißschlacken des Kegelmantels eine glühende Stelle, die sich rasch vergrößerte. Nach wenigen Minuten begann zuerst ruckweise, dann kontinuierlich ein Lavafluß an dieser Stelle auszuströmen, der sich durch die Kegelwandung hindurchgeschmolzen hatte. Die Lava floß mit einer Geschwindigkeit von etwa drei Metern pro Sekunde und war sehr gasreich. Noch in 20 Metern Entfernung von der Austrittstelle schossen meterhohe Feuerfontänen daraus hervor. An der Öffnung selbst stieg eine wohl 50 Meter hohe Säule glühender Gase in die Höhe. Kurz nachher wurde der Kegel unter gewaltigen Explosionen auseinandergesprengt. Mit einer Geschwindigkeit von acht bis zehn Metern pro Sekunde stürzte die Lava in 20 Metern Breite hervor und über den Kraterrand hinaus den Berg hinunter. Etwa 80 000 Kubikmeter alte Laven wurden verfrachtet oder weggeschoben. Sechs Minuten nach dem Höhepunkt der

9 Eine der fürchterlichsten prähistorischen Vulkankatastrophen ließ große Teile der griechischen Insel Santorin im Meer versinken. Erhalten blieb ein kleines Schlackeneiland inmitten einer gewaltigen Caldera, deren ebenfalls noch aus dem Meer ragende Randberge heute besiedelt sind.

10 Asche auf La Palma: ganze Höhenzüge der Kanareninsel bedecken Aschenschichten alter Vulkanausbrüche. Stellenweise versucht die Forstverwaltung jetzt, sie mit Kanarischen Kiefern zu bepflanzen...

11 ... aber hin und wieder begräbt ein neuer Ausbruch irgendwo auf der Insel viele Quadratkilometer fruchtbaren Landes unter Schutt und Asche. – Der Geologe am linken Bildrand kann den rasch erstarrten Lavastrom des Teneguia schon betreten, obwohl er wenige Zentimeter unter der Oberfläche noch 200° C heiß ist. Lavakrusten sind ein schlechter Wärmeleiter.

Effusion erreichten die Explosionen ihr erstes Maximum und schossen den oberen Teil des Förderschlotes leer. Die erste Phase des Ausbruches erreichte damit ihr Ende.

Doch schon nach acht Minuten erschien die Lava wieder in der Ruine des Auswurfskegels und bildete einen wild wogenden Feuersee von etwa 70 Metern Durchmesser. Über der Schlotmündung schossen dauernd bis 60 Meter hohe Lavafontänen aus dem See, der bis drei Meter hohe Wellen warf, die aufspritzend an den Wandungen brandeten. Die Helligkeit der Glut des Lavasees nahm dauernd zu. Sie entsprach einer Temperatur, die einige hundert Grad höher war als die der frisch zutage brechenden Lavafontänen, was auf die Verbrennungswärme der Gase an der Seeoberfläche zurückzuführen ist.

Bald begann wieder ein kräftiger Lavaausfluß, und wieder war sein Maximum von gewaltigen Explosionen gefolgt. Dasselbe wiederholte sich noch zweimal mit zunehmender Stärke. Am 5. Juni, um 4 Uhr 30 Minuten, setzten Lavafontänen ein, die kiloschwere Lavafetzen drei Kilometer weit und 1200 Meter hoch schleuderten. Eine Hängemulde am Kraterrand wurde derart mit großen Lavafetzen beworfen, daß diese sich zu einer dicken, zusammenhängenden Masse verschweißten, aus der sich ein kleiner, wurzelloser Lavastrom rückwärts in den Krater ergoß. Endlich ebbte der Ausbruch ab. Am 8. Juni wurden die letzten Schlacken ausgeworfen. Dann trat der Erschöpfungszustand ein.

Der eigentliche Ausbruch dauerte genau hundert Stunden. Zwölf Millionen Kubikmeter Lava und weit über anderthalb Milliarden Kubikmeter heiße Gase wurden gefördert.«

Ausbrüche wie der von Professor Rittmann beschriebene können Vulkane in ihrer Gestalt vollkommen verändern. So hat der bisher letzte große Lavaausbruch vom März 1944 am Gipfel des Berges einen steilwandigen Krater von einem halben Kilometer Durchmesser und dreihundert Metern Tiefe ausgehoben. Dabei verschüttete er den Schlot, und der feuerspeiende Berg ruht seitdem. Das bedeutet aber keineswegs, daß er erloschen wäre. Im Gegenteil, ein neuer Ausbruch kann sogar besonders heftig werden; denn daß sich bis heute keine Dauertätigkeit mehr eingestellt hat, spricht dafür, daß der Schlot des Vesuvs stark verstopft sein muß. Unter dem Berg kann sich deshalb langsam erneut ein sehr hoher Druck entwickeln, der vielleicht eines Tages den glutflüssigen Massen unter heftigen Explosionen einen neuen Weg ins Freie sprengt.

Ausbrüche bei verstopftem Schlot ähneln sehr den Erstausbrüchen von Vulkanen. Bei dünnflüssigem Magma können sie wiederum explosiven oder gemischten Charakter haben, bei dickflüssigem Magma sind sie in der Regel hochexplosiv, weil die entströmenden Gasmassen nicht nur den Weg ins Freie aufsprengen, sondern zugleich die zähen vulkanischen Massen zerreißen.

Ob das Magma dünnflüssig oder zäh ist, hängt von zwei Dingen ab: von seiner chemischen Zusammensetzung und von seiner Temperatur. Basische Gesteinsschmelzen sind viel dünnflüssiger als saure, und heißere Magmen sind dünnflüssiger als kühlere. 950° C heißes Magma beispielsweise ist rund tausendmal so zäh wie 1 100° C heißes.

Sehr zähe Magmen, die aus Kratern oder Spalten austreten, explodieren durch das in ihnen enthaltene Gas gelegentlich so heftig, daß sie augenblicklich in winzige Teilchen zerstäuben, die gemischt mit dem glühend heißen Gas und mitgerissenen Steinen plötzlich eine überaus mobile *Glutwolke* bilden, die dann mit infernalischer Vehemenz aus dem Berg herausschießt und in wenigen Sekunden ganze Landstriche verwüsten kann. Solche Glutwolken sind 800 bis 1 000° C heiß und jagen mit Geschwindigkeiten von 50 bis über 150 Metern pro Sekunde (letzteres sind 540 Kilometer pro Stunde!) und mit einer viele Meter hohen Stirn dahin. Sie vernichten alles, was ihren Weg hindern könnte. Sie knicken die stärksten Bäume wie Streichhölzer, reißen Häuser augenblicklich bis auf den Grund ein und durchschießen mit den großen Mengen mitgerissener Steine mühelos sogar Metallkonstruktionen. Die Massenströme sind dabei so gewaltig, daß sie binnen kurzem Hunderte Kubikkilometer Festmaterial über Landstriche von Tausenden von Quadratkilometern verteilen können. Erstarrt heißen diese Massen *Ignimbrit.* In historischer Zeit gab es nur einen einzigen derartigen Glutwolkenausbruch, den zudem niemand unmittelbar beobachten konnte, denn er spielte sich Anfang Juni 1912 in einer unbewohnten und schwer zugänglichen Gegend Alaskas, dem heutigen »Tal der zehntausend Dämpfe«, ab. Aber Ignimbrite von großer Mächtigkeit überziehen Hunderttausende von Quadratkilometern auf der Erde, und auch in Europa sind sie durchaus keine Seltenheit. Besonders häufig finden sie sich in den

12 Auf dem Wege zum Valle Muria im Südwesten Liparis: Alte Vulkanauswürflinge verschiedener Körnung haben sich als Tuffe abgelagert. Die aufeinanderliegenden Schichten stammen von verschiedenen Phasen ein und desselben Ausbruchs.

13 Ignimbrit am Monte Capistrello in Süd-Lipari. Das verschweißte Vulkangestein hat sich aus einem der hochgefährlichen Glutwolkenausbrüche abgesetzt.

uralten vulkanischen Gebieten Italiens, und besonders gut lassen sie sich auf dem Inselchen Lipari nördlich von Sizilien studieren.

Lipari ist für Reisende mit vulkanologischem Interesse ein wahres Paradies. Und wer darüber hinaus gerne wandert, wird auf dem kaum von Touristen behelligten Eiland besonders auf seine Rechnung kommen. Einige Kilometer südlich der Inselhauptstadt, die ebenfalls Lipari heißt, ragt 130 Meter hoch der Capistrello aus dem Meer, den ein landschaftlich einzigartiger Rundweg mit Genußausblicken erschließt. Der schluchtartige Pfad, der kurz vor Erreichen des Capistrello zum 369 Meter hohen Monte Guardia hin abzweigt, führt bald durch nacktes Gestein, das schön die Fließstruktur des Ignimbrits erkennen läßt.

Aber auch die Folge eines im Grunde sehr verwandten und dennoch vollkommen anders ablaufenden vulkanischen Ausbruchsmechanismus läßt sich auf Lipari wie kaum sonst in Europa erleben. Glutwolken entstehen durch Aufschäumen und Explodieren von zähem Magma. Kommt es nicht zu so heftigen Explosionen, die jedes Gefüge zerstören, dann entquillt der zähe, hochporöse Schaum dem Berg und erstarrt als heller Bimsstein. Die leuchtend weiße, viele Kilometer lange Ostflanke des 476 Meter hohen Monte Pelato im Nordosten Liparis besteht aus reinem Bims. Campo bianco, weißes Feld, nennen sie die Einheimischen. Welcher Badeurlauber am Mittelmeer zwischen Marseille und Neapel kennt diese leichten weißen Steine nicht, die schwimmen, wenn man sie ins Wasser wirft. Sie alle stammen vom Campo bianco auf Lipari. Das Meer hat sie Hunderte von Kilometern weit bis an die Küsten Westitaliens und Südfrankreichs verfrachtet. Doch des Meeres Wellen tragen nicht nur jene Bimssteine zu fernen Gestaden, die zufällig ins Wasser fallen. Rund 4000 Arbeiter bauen Jahr für Jahr mehr als 200000 Tonnen Lipari-Bims im Tagebau und in tiefen Stollen ab, verladen ihn in Schiffe und schicken ihn auf Seereise ins italienische Festland und ins Ausland, bis hin nach Amerika (vgl. Abb. 2). Bims ist ein begehrter Betonzuschlagstoff. Bims ist ein Füllmaterial für Kunststoffe, Poliermittel für Leichtmetall und Bestandteil mancher Spezialseifen. Außerdem beschichtet die Papierindustrie mit zu Puder zermahlenem Bims hochwertige Kunstdruckpapiere.

Ähnlich ausgedehnte, aber weit längere und nicht so leuchtend weiße, sondern bräunliche Bimsvorkommen wie auf Lipari finden sich im französischen Zentralmassiv, in der Auvergne. Besonders schön lassen sie sich an den Flanken der beeindruckenden tausend Meter hohen kegelförmigen Staukuppe des Puy de Dôme westlich von Clermont-Ferrand beobachten. Auch in der Auvergne wird der Bims heute kommerziell genutzt.

Kühlt ein Lavafluß so rasch ab, daß ihm keine Zeit zum Ausgasen bleibt, dann schäumt das Material natürlich nicht auf. Statt zu Bims erstarrt die Gesteinsschmelze zu kompaktem schwarzem Naturglas, das chemisch sehr unterschiedlich zusammengesetzt sein kann und das die Vulkanologen *Obsidian* nennen.

Auf Lipari liegen Bims und Obsidian dicht an dicht nebeneinander, ja aufeinander, denn demselben Monte Pelato, den das Erdinnere als Bimssteinkegel ausstieß, entströmte nach Norden hin ein gewaltiger Obsidianfluß, die Rocche rosse. Oberflächlich ist der bizarre Lavastrom rostrot und erinnert an alles andere als an Glas. Er ist verwittert. Wer aber Splitter der spröden Lavafladen losschlägt, der gebe acht, daß er sich nicht schneidet. Die muschelig abspringenden glänzend schwarzen oder seidig grauen Glasscherben haben messerscharfe Kanten! Ein nicht weniger eindrucksvoller Obsidianfluß findet sich zu Füßen des Vulkans Teide auf Teneriffa (vgl. Abb. 7).

Vulkanischer Formenreichtum

Wie immer ein feuerspeiender Berg Magmen, Aschen oder Schlakken ausschleudert oder über das Land ergießt und wie immer seine glutflüssigen Massen zerspratzen oder bizarr erstarren, beeindrukkend sind die Vulkanausbrüche alle. Nur finden sie leider nicht auf Bestellung statt, und den wenigsten Natur- und Reisefreunden ist es vergönnt, solch ein faszinierendes Schauspiel mitzuerleben. Wer um die Ausbruchsmechanismen weiß, dem wird aber die Form des Vulkans verraten, wie er entstanden ist. Aschenkegel mit großen Mengen von lockerem Schüttmaterial und verstreut herumliegenden Gesteinsbomben zeugen von gewaltigen Explosionen (vgl. Abb. 4), Lavaströme von aus dem Erdinneren hervorgequollenem Magma, während Bimsberge als zähflüssige und schaumige Substanzen zutage getreten oder in die Luft geschleudert worden sind. *Monogene Zentralvulkane* sind kleine feuerspeiende Berge, die durch einen einzigen lokalen Ausbruch entstanden sind, *Spalten-* oder *Linearvulkane* solche,

14 Ein Lavafluß im Herzen von Lanzarote, dessen noch glutflüssiges Inneres die schon erstarrende Decke weiterschob, formte aus den erkaltenden Gesteinsmassen wirre Felder von Schollenlava. Im Vordergrund hat sich Seillava gebildet.

15 In einer Flanke des Llano del Banco, eines zentralen Höhenrückens auf La Palma, fegten 1949 heftige Explosionen das winzig kleine Kraterloch von Las Manchas frei, aus dem sich anschließend ein mächtiger kohlschwarzer Lavafluß ergoß.
16 Das Vulkanland im französischen Zentralmassiv ist einige Dutzend Jahrmillionen alt. Am Roche de la Tuilière hat sich damals eine Quellkuppe entwickelt: Zähflüssige Laven drängten die alten Tufflagen des Vulkans in die Höhe und erstarrten als Basaltsäulen.

die, wie ihr Name sagt, ihr Auswurfmaterial aus längeren Rissen förderten. Sie sind fast immer *monogen,* brechen also kein zweites Mal aus. Dagegen sind die meisten großen *Zentralvulkane polygen:* Sie werden wieder und immer wieder tätig, sie wachsen, sprengen ihre Kuppe ab, wachsen erneut und bauen nach und nach ganze komplizierte Vulkanmassive auf (vgl. Abb. 6). Fördern sie viele dünnflüssige Laven, die schnell und weiträumig abfließen, dann entstehen sehr flache, ungemein ausgedehnte *Schildvulkane,* die bei wenigen Hundert Metern Höhe viele Dutzend Quadratkilometer Land überdekken können. Island ist überreich an solchen Schildvulkanen. Der bekannteste ist der klassisch-schöne über tausend Meter hohe Skjaldbreidur, der von Thingvellir aus gesehen besonders majestätisch wirkt. Ein nicht weniger imponierender Poly-Schildvulkan ist die Hekla im Süden Islands, die sich ab Mai 1947 zum vorläufig letzten Mal durch einen imponierenden dreizehnmonatigen Riesenausbruch hervortat, mit einem Lavastrom, der dreimal so mächtig war wie der Rhein an seiner Mündung. Die Hekla-Ausbrüche waren seit Menschengedenken beeindruckend. Schon 1180 beschrieb ein reiselustiger Kaplan aus dem Kloster Clervaux den mächtigen Vulkan als einen Schornstein der Hölle, dem gegenüber der Ätna wie ein kleines Öfchen wirkte. Kein Wunder, daß der Klerus im christlichen Mittelalter fest davon überzeugt war, daß der Rachen dieses unheilbringenden Berges, der ganze Landstriche in Schutt und Asche legte, das Tor zur Hölle gewesen sei.

Besonders reich an Schildvulkanen ist das isländische Gebiet nördlich des Rieseneisfeldes Vatnajökull: die Ódádhahraun, die »Missetäterwüste«.

Die Hekla ist im Grunde mehr als ein Schildvulkan. Zwar flach wie diese mächtigen Ausflüsse dünner Lava, wechseln bei ihr doch, von ihren vielen verschiedenen Ausbrüchen stammend, Laven immer wieder mit Aschen ab. Sie besteht aus Schichten, *Straten,* wie der Vulkanologe sagt, und ist deshalb ein sogenannter *Stratovulkan.*

Stratovulkane ganz anderen Aussehens sind auch die feuerspeienden heute noch aktiven Bergriesen Süditaliens: der Vesuv, der Ätna, der Stromboli. Ihre bisweilen lebhafte Aschenwurftätigkeit und ihre im Vergleich zur Hekla zähflüssigeren Laven haben mitgeholfen, diese gewaltigen Feuerberge aufzubauen. Ein ähnlicher, noch nicht erloschener und ungemein beeindruckender Stratovulkan ist das 3716 Meter hohe Wahrzeichen Teneriffas, der Teide, dessen Gipfel seit einigen Jahren die »sicherste und beste Seilbahn der Welt« in acht Minuten bezwingt, wobei sie rund 1200 Höhenmeter überwindet und dem wahren Naturfreund viel vom Reiz des ehemals recht urigen Aufstiegserlebnisses nimmt.

Stratovulkane verraten sich oft auf Anhieb durch ein besonderes Merkmal: die *Gänge* oder *Sills.* Vor bedeutenden Ausbrüchen bei verstopftem Schlot hebt sich nicht selten der ganze Bergstock leicht an. Dabei entstehen Systeme von Rissen, in die flüssige Magmen eindringen und erstarren. Das sind die Gänge, die später oft durch Erosion sichtbar werden und häufig als Mauern in der Landschaft stehenbleiben, wenn das umgebende weichere Material verwittert. Je nach der Lage der Gänge gegenüber dem zentralen Vulkanschlot und dem äußeren Vulkanmantel unterscheiden die Experten *Mantelgänge,* die im Berginneren parallel zum Mantel verlaufen, *Radialgänge,* die senkrecht stehen und vom Schlot nach außen führen, *Kegelgänge,* die sich trichterförmig in den Berg einfügen, *Ringgänge,* die wie senkrechte zylindrische Mauern im Vulkan stehen und *peripherische Gänge,* die den Berg seitlich durchschneiden wie ein Messer einen runden Kuchen (vgl. Abb. 5).

Noch eine weitere auffallende Vulkanstruktur läßt auf vergangenes infernalisches Geschehen schließen: die Caldera. Calderas sind Riesenkrater von vielen Kilometern Durchmesser. Zu den größten der Welt zählen die Caldera auf Teneriffa, die in weitem Rund den Teide-Gipfel umfaßt, die zum Nationalpark erklärte paradiesisch-unberührte Caldera de Taburiente auf La Palma und die mächtige Caldera Curral das Freiras im Zentrum der Insel Madeira. Eine besonders interessante, unterseeische Caldera ist der abgesunkene Riesenkrater der griechischen Insel Santorin (vgl. Abb. 9). Auch die Phlegräischen Felder bei Pozzuoli, westlich von Neapel, von denen noch die Rede sein wird, sind eine Caldera. Die unter Laien verbreitete Meinung, Calderas seien die Schlotöffnungen gewaltiger vorgeschichtlicher Vulkane, ist falsch. Calderas gehen immer auf jene Glutwolkenausbrüche zurück, die mit orkanartiger Geschwindigkeit Hunderte von Kubikkilometern glühender Gas-Lava-Gemische ausschießen. Im Berginneren entsteht dabei ein Hohlraum von giganti-

17 Achtzig bis hundert Meter hohe »Basalt-Orgelpfeifen« bei Bort-les-Orgues am Dordogne-Flüßchen in der Auvergne. Die mächtigen Säulen sind aus erstarrter Lava entstanden.

18 Wohl die beeindruckendste Basaltsäulenlandschaft in Europa ist Giant's Causeway in Nordirland. Die »Orgel« läßt schön auch Querrisse in den nach und nach erstarrten Lavasäulen erkennen.

schen Ausmaßen. Ist der Innendruck verbraucht, dann stürzt die Decke ein und eine Caldera mit ihren typischen steilen Felswänden und ihrem oft unregelmäßigen Querschnitt entsteht.

Von einer Form vulkanischer Aktivität war bisher nur am Rande die Rede: von der Dauertätigkeit. Gerade sie ist für den reisenden Naturfreund die interessanteste; denn im Gegensatz zu den mehr oder weniger kurzen Ausbrüchen läßt sie sich jederzeit »besichtigen«. Dauertätige Vulkane sind nicht selten viele Monate oder Jahre, manchmal sogar jahrhundertelang aktiv. Ihr Repertoire reicht vom rhythmischen Ausstoßen mächtiger Dampfsäulen, durch die sich der Ätna und der Vesuv zuweilen jahrelang hervortaten, über in kurzen Abständen wiederkehrende Aschen-, Schlacken- und Lavawurftätigkeit bis hin zum ständig ausfließenden Lavastrom. Aber so verschieden die äußeren Erscheinungsformen sein mögen, der bekannte französische Vulkanologe Haroun Tazieff hat in jüngster Zeit nachgewiesen, daß sie sich im Grunde gar nicht voneinander unterscheiden.

Er hatte die Gelegenheit, mehrere Vulkane während der Eruption im Krater selbst zu beobachten, und jedesmal sah er in einigem Abstand unter der Öffnung die kochende Lava mit ihren typischen durch austretende Gase hochgeschleuderten Fontänen. Je nachdem, wie hoch nun die flüssige Lava im Vulkanschlot steigt, erkennt man von Ferne am oberen Rand nur aufsteigende Dämpfe, leichte ausgeworfene Aschen, hochspritzende Lavafetzen oder die überquellende Lava selbst. Es ist deshalb nur natürlich, wenn sich an ein und demselben Berg zu verschiedenen Zeiten alle diese Erscheinungen einstellen.

Zum Gipfel des Stromboli

Wohl der bedeutendste dauertätige Vulkan der Erde ist der Stromboli. In historischen Zeiten hat er kaum jemals geruht. Andererseits ist er keineswegs so extrem zuverlässig, wie manche Berichte das behaupten. Haroun Tazieff besuchte ihn innerhalb von 20 Jahren wieder und wieder, und er erlebte Zeiten mit weniger als drei Ausbrüchen pro Tag, aber auch mit stündlich 60 Eruptionen.

Immerhin ist der Stromboli eine Reise wert, denn irgendein beeindruckendes Spektakel bietet er meistens. Der knappe Tausend-Meter-Aufstieg ist vor allem in seiner oberen Hälfte allerdings alles andere als ein Sonntagnachmittagsbummel. Und weil man nicht vor Anfang Mai aufsteigen sollte – vorher ist das Wetter unbeständig, und die Südwinde drücken gelegentlich die giftigen Aushauchungen des Kraters auf den Anstiegsweg nieder –, ist die schattenlose Bergtour außerdem meist eine recht heiße Angelegenheit. Der Fußweg beginnt zunächst gepflastert und recht bequem am westlichen Ausläufer der kleinen Doppelgemeinde San Vincenzo-San Bartolo, windet sich dann in endlosen Serpentinen den Hang hinauf und geht später ziemlich unvermittelt in einen weniger komfortablen Pfad auf vegetationslosem vulkanischem Boden über. Zweimal bietet der Aufstieg einen herrlichen Ausblick auf die Sciara del Fuoco, jene mächtige braunschwarze »Feuerrutsche«, über die gelegentlich überschwappende Lava hinunterströmt, um sich dann zischend und dampfend im Meer zu verlieren.

Wen im unteren Teil des Aufstiegs, der durch ausgedehnte Schilfzonen führt, die vielen bis zu zwei Meter langen schwarzen Schlangen ängstigen, die sich manchmal auf dem steinigen Pfad oder den niedrigen Mäuerchen sonnen, der sei beruhigt: Es sind harmlose Äskulapnattern und keine giftigen Vulkangeschöpfe.

Am lohnendsten ist der Stromboliaufstieg am späten Nachmittag. Dann ist es nicht mehr ganz so heiß, und mit einigem Glück bietet sich vom Gipfel aus, den man in rund zweieinhalb Stunden erreicht, abends das Schauspiel eines grandiosen Sonnenuntergangs. Bei Einbruch der Dunkelheit wird es kühl auf dem Stromboli. Der Wind schneidet, und nicht immer kann man ihm entgehen, indem man sich ein geschütztes Plätzchen in der vulkanisch-warmen Asche der Kraterinnenseite sucht. Nicht selten vertreiben dort stechende Schwefeldämpfe den Besucher und benehmen seinen Atem. Schon während des Aufstiegs zeugte gelegentliches dumpfes Poltern und Rumoren im Berg von dessen unermüdlichem Tun. Oben, am Kraterrand, nimmt das Spektakel der häufigen Eruptionen infernalische Formen an. Aus den lautlos rauchenden und dampfenden Öffnungen tief unten im Krater dringt ein lästiger, stinkender Gifthauch herauf. Hin und wieder unterbricht ein rollendes Stöhnen die Stille. Plötzlich aber bricht ein Zischen und Fauchen an, das klingt, als hätte die Hölle selbst einen Asthmaanfall. Dampf schießt empor und vernebelt die Sicht. Ist es Nacht, dann leuchten hinter den Dampfschwaden glü-

19 Die einheimische Bevölkerung hielt die Abertausende regelmäßiger Basaltsäulen des Giant's Causeway noch bis in unser Jahrhundert hinein für das Werk prähistorischer Baumeister.
20 Die meisten Basaltsäulen des Causeway sind sechskantig. Es gibt aber auch sehr viele Fünfkanter. Vier-, sieben- und achtseitige Säulen sind seltener, und von neun- oder zehnseitigen gibt es nur unvollkommene Andeutungen.

21 Die sizilianische Alcantara-Schlucht ist nicht durch Erosion entstanden. Sie ist ein mächtiger Schrumpfriß in erstarrtem Basalt.

hende Feuergarben auf, und der Dunst scheint rötlich wider. Einzelne Glutgeschosse fliegen höher und durchdringen den Nebel. Sekunden später ist es wieder dunkel. Prasselnd fallen die ausgeworfenen Steine in den feurigen Schlund zurück, klatschend schlagen zähflüssige Lavafladen auf seine Ränder. Tief unten gluckst schwappendes Magma. Dann ist der Höllenspuk vorbei. Eine Minute, fünf, zehn oder zwanzig Minuten herrscht Stille, und die Nacht ist schwarze Asche, schwarzer Himmel und ein Meer funkelnder Sterne, bis das Spektakel von neuem beginnt (vgl. Abb. 8). – Wer sich von dem eindrucksvollen Naturspiel nicht erst am Morgen trennen kann und nicht im Schlafsack den Sonnenaufgang abwartet, der wappne sich für den Abstieg im Dunkeln mit einer kräftigen Handlampe.

Asche, Bomben, Bims und Lava

So vielseitig Vulkanausbrüche sein können, so verschiedenartig sehen die geförderten Materialien aus. Da gibt es farbenprächtige rote, braune, gelblichweiße oder schwarze *Aschen* (vgl. Abb. 10 und 11), die Vulkanlandschaften oft einen ausgesprochen malerischen Reiz verleihen. Da gibt es den glasig-aufgeschäumten *Bims.* Da gibt es die *Wurfschlacken,* im Flug erstarrte bizarr geformte Magmafetzen, und die *Schweißschlacken,* die noch glutflüssig wieder herabfallen und beim Aufprallen mit dem Boden verschweißen. Dann sind da die verschiedensten vulkanischen *Bomben,* Magmaklumpen, die auf ihrem Flug kugel-, birnen- oder spindelförmige Gestalt angenommen haben. Neben den flüssig ausgeworfenen Massen gibt es die aus dem Schlot mitgerissenen festen *Auswürflinge,* von den kleinen sogenannten *Lapilli* bis hin zu viele Tonnen schweren *Blöcken.* Glutwolkenausbrüche schließlich fördern die schon erwähnten *Ignimbrite,* die beim Ablagern wegen ihrer großen Hitze zu massivem Gestein verschweißen (vgl. Abb. 13).

Alle diese vom Vulkan ausgeschleuderten Substanzen faßt der Fachmann als *Lockerstoffe* oder *Tephra* zusammen. Lagern sie sich ab und verbacken sie später zu mehr oder weniger festen Massen, dann sprechen die Geologen von Tuff (vgl. Abb. 12). Daneben steht die imponierend bizarre Formenwelt der Ergußmassen, die als Laven aus den Schlünden der Feuerberge quellen (vgl. Abb. 15). Je nach der Oberflächenform der erstarrten Lavaströme und Lavaseen unterscheiden die Vulkanologen die glatte *Fladenlava,* die wie die Eisdecke auf einem Fluß zerbersten kann und dann zur *Schollenlava* wird, *Gekröselava,* die in unregelmäßigen Formen zwischen den Schollen hervorquillt, oder *Seillava* (vgl. Abb. 14), die entsteht, wenn ein Lavafluß seine noch nicht völlig erstarrte Haut mit sich schiebt und dabei in bogenförmige Würste preßt und in sich verdreht. Bei sehr zähflüssigen Laven zerfällt die erstarrende Oberfläche oft in ein chaotisches Durcheinander von unregelmäßigen Brocken. Entsprechend heißt sie dann *Brockenlava* oder *Blocklava.*

Mächtige Lavaströme, die an der Oberfläche rasch erstarren, bleiben in ihrem Inneren oft noch wochen- und monatelang zähflüssig. Ihre zu festem Stein gewordene Haut schützt sie vor raschem Wärmeverlust. Sie kühlen deshalb sehr langsam und gleichmäßig ab. Weil sie dabei schrumpfen, bildet sich ein Netz von Rissen, und das Gestein erstarrt als ein Berg dicht an dicht gedrängter vielkantiger Basaltsäulen von imponierender Regelmäßigkeit. Diese Formationen sind häufig, aber nur an wenigen Stellen in Europa bieten sie Bilder von nahezu klassischer Schönheit: allen voran am »Giant's Causeway« bei Bushmills an der Nordküste Irlands. Drei mächtige Basaltdecken liegen hier übereinander, jede aus mehreren Lavaströmen aufgebaut. Der erste und zweite Lavafluß der mittleren Decke sind stellenweise zu so phantastischen Säulen erstarrt, daß die einheimische Bevölkerung bis in unser Jahrhundert hinein nicht glauben wollte, sie seien natürlichen Ursprungs. Hier mußte eine alte Kultur, vielleicht sogar ein Riese am Werk gewesen sein. 37000 Säulen verteilen sich auf mehrere Gruppen. Eine ist beeindruckender als die andere, und die malerische Steilküste erhöht den Reiz der ungewöhnlichen Szenerie noch zusätzlich. Wer an einem klaren Sommermorgen kurz nach Sonnenaufgang diese Stätten uralten vulkanischen Werdens besucht, dem bieten sich vom schräg einfallenden Sonnenlicht plastisch modellierte Bilder von einer so ausgewogenen architektonischen Schönheit, daß er eher an die gestaltende Hand eines Künstlers als an einen erstarrten Schmelzfluß glauben möchte (vgl. Abb. 18 bis 20).

Die Legende sagt, daß der irische Riese Finn MacCool hier gebaut hat, um trockenen Fußes die schottischen Inseln zu erreichen. Und in der Tat, die Fingal-Meeresgrotte auf dem kleinen Eiland Staffa säumen seit Jahrmillionen ähnliche Säulen.

Eine Fülle schöner Basaltsäulen hat Island zu bieten, die Dverg-

22 Auf dem Rand des Fossa-Kraters auf Vulcano haucht die Erde schwefelige Dämpfe aus. Französische Vulkanologen fangen die Ausdünstungen ein, um ihre Zusammensetzung zu bestimmen. Nasse Tücher schützen dabei Nase und Mund vor den aggressiven Gasen…
23 …Der Krater selbst, der diese postvulkanischen Erscheinungen zeigt, entstand bei mächtigen Explosionsausbrüchen, die von 1888 bis 1890 die Insel erschütterten.

24 Am Innenrand des gigantischen Vesuvkraters blasen heute nur noch ein paar bescheidene Fumarolen heißen Dampf aus. Aber der Schein trügt: Der feuerspeiende Berg ist noch längst nicht erloschen und kann jederzeit wieder ausbrechen.

hamrar (Zwergfelsen) östlich von Kirkjubæjarklaustur zum Beispiel oder den unmittelbar benachbarten Kirkjugólf, der aussieht wie der von Zyklopenhand gepflasterte Boden eines uralten Domes, dessen Mauern längst verfallen sind.

In ihrer Größe beeindruckt die vollkommen aus Säulen aufgebaute Basaltquellkuppe des Roche de la Tuilière in der Auvergne (vgl. Abb. 16), die sich wie viele alte Vulkane im französischen Zentralmassiv als zähes Ganzes unter einer Decke von Tuffen in die Höhe geschoben hat und an Ort und Stelle erstarrte. Die bröcklige Decke haben Regen und Wind später abgetragen. Am besten läßt sich der merkwürdige Berg von der Straße D 27 etwas nördlich des Guery-Passes bei Le Mont-Dore bewundern.

Einmalig in Europa ist ein Erstarrungsriß in den Basalten nördlich des Ätna: die Alcantara-Schlucht. Achtzehn Kilometer westlich von Taormina erreicht sie der Reisende auf der Staatsstraße 185 in der Nähe von Francavilla. Hier ist als Schrumpfriß ein mächtiger, 400 Meter langer Cañon entstanden, durch den heute der Alcantara seine Wasser schickt, teils in Kaskaden, teils ruhig fließend. Mehr als fünfzig Meter hoch flankieren über und über mit Basaltsäulen bedeckte senkrechte Wände die oft nicht einmal fünf Meter breite Schlucht (vgl. Abb. 21).

Quellen von Dampf, Gas und Schwefel

Nicht nur starre steinerne Zeugen erzählen von ruhenden oder längst erloschenen Vulkanen. Vielerorts in Europa erinnern sogenannte *postvulkanische* Erscheinungen an stillgewordene Feuerberge. Warme Quellen und Schwefelwasser dringen aus dem Boden. Die Erde haucht heiße Dämpfe und ätzende Gase aus, oder sie schleudert Geysire hoch in die Luft.

Natürlich lassen sich postvulkanische Erscheinungen am besten an aktiven Vulkanen beobachten, die momentan eine Ruhepause eingelegt haben, am Ätna zum Beispiel oder am Kraterrand des Vulcano, der sich im Sommer mit dem Tragflügelboot von Lipari aus in wenigen Minuten erreichen läßt (vgl. Abb. 23). Hier wie dort blasen sogenannte *Fumarolen* mehrere Hundert Grad heiße Schwefel- und Salzsäuregase aus, die den Schleimhäuten zusetzen und die Kunststoffsohlen der Schuhe anfressen (vgl. Abb. 22 und 25). An den Rändern ihrer Blaslöcher setzen sich gelber elementarer Schwefel und weißgraues Alaunsalz ab (vgl. Abb. 28). Im vergangenen Jahrhundert blühte auf Vulcano das Geschäft mit diesen Ausscheidungen. Fünfhundert Arbeiter – davon rund vierhundert Sträflinge – gewannen jährlich zehn bis zwanzig Tonnen Borsäure, zwanzig bis hundert Tonnen Alaun und sechzig bis zweihundert Tonnen Schwefel.

1888 brach dann der Inselvulkan Fossa aus und legte zwei Jahre lang durch heftige Explosionen die gewinnbringende Rohstoffindustrie lahm. Es war ein Schlag, von dem sie sich nicht mehr erholte.

Unbedeutende Fumarolen, von geschwätzigen Fremdenführern zu gefährlichen Höllenöfen hochgespielt, beleben seit drei Jahrzehnten den Kraterrand des Vesuvs (vgl. Abb. 24). Interessanter sind dagegen in der Bucht von Neapel die »Phlegräischen Felder« bei Pozzuoli, wo in einer alten Caldera seit Jahrtausenden unverkennbar nach faulen Eiern stinkender, schwefelwasserstoffhaltiger Wasserdampf aus der Erde steigt und dabei blubbernde blaugraue Schlammbecken aufquirlt (vgl. Abb. 26 und 27). Solche Schwefelwasserstoff-Dampf-Aushauchungen heißen *Solfataren*.

Wenig bekannt, aber durchaus einen Umweg wert, ist die landschaftlich reizend gelegene Solfatare in der Caldera di Manziana zwischen Manziana und Sasso in Mittelitalien. Die ausströmenden Gase werfen fortwährend Wassersprudel hoch und breiten sich bei Windstille flach und giftig über dem alten Calderaboden aus (vgl. Abb. 30).

Nach ruhigen Nächten finden sich hier am Morgen gelegentlich Dutzende kleiner erstickter Tiere: Nager und Sumpfhühner, und manchmal ist sogar ein Fuchs darunter. Der menschliche Besucher des mörderischen Waldidylls ist zu groß, als daß ihm die bodennahen Gase ernsthaft schaden könnten. Trotzdem: einen benommenen Kopf und leichte Übelkeit hatten wir nach einer guten Stunde auch.

Überreich an postvulkanischen Schauspielen ist Island. Rund 700 lauwarme bis kochendheiße alkalische Quellen strömen an 250 Stellen aus dem Boden. Die größte – sie ist zugleich die größte der Welt – schüttet pro Sekunde einen Viertelkubikmeter siedendes Wasser aus: die Quelle von Deildartunga im Borgafjord. Sie könnte eine Kleinstadt von 30000 Einwohnern mit Heizenergie und Warmwasser versorgen.

Solfataren und Fumarolen drängen sich auf 13 verschiedenen Feldern, alle längs einer quer durch die Insel verlaufenden Linie (vgl.

25 Heftige Fumarolen-Tätigkeit herrscht in der Gipfelregion des Ätna. Der Boden ist hier überall trügerisch hohl und haucht mehrere hundert Grad heiße Schwefeldämpfe aus, die den Schleimhäuten des Besuchers arg zusetzen.

26 Die Phlegräischen Felder bei Pozzuoli sind eine alte Caldera, die noch heute interessante postvulkanische Phänomene beleben. Heißer Dampf steigt aus der Kraterwand…

Abb. 29). Meistens sind es Schlammquellen, die hier sprudeln, blubbern und brodeln. Ihr bestechender Farbenreichtum scheint nicht von dieser Welt zu sein. Blaugrau zerspratzt der zähe Schlamm, umgeben von leuchtendroter, grellgelber oder fast weißer Erde. Verantwortlich für dieses Farbenschauspiel ist die Fülle chemischer Verbindungen, die der Erde entquillt. Auch mengenmäßig lassen die Ausgasungen nichts zu wünschen übrig. Allein im hundert Quadratkilometer großen Torfajökull blasen Solfataren in jeder Sekunde 540 Tonnen Dampf mit einem Wärmeenergiegehalt von 1000 Kilowattstunden aus.

Besonders eindrucksvolle postvulkanische Schauspiele liefern die Geysire, alle nach der berühmten großen Springquelle, dem Haukadalur, benannt. Eine drei Meter weite Röhre führt senkrecht in den Boden, der in weiter Umgebung beim Auftreten dumpf und hohl klingt. Früher spuckte der große Geysir eine 60 Meter hohe Fontäne sehr regelmäßig in die Luft, in manchen Zeiten jede halbe Stunde.

Heute ist er unzuverlässig geworden. Doch *wenn* er ausbricht, dann ist das Erlebnis so ergreifend wie eh und je. Zuerst dröhnt und brüllt es in der Tiefe, dann schießt unter gewaltigem Zischen und Fauchen die kochende Wassersäule kirchturmhoch empor. Aber selbst wenn er gerade ruht, lohnt die Gegend einen Besuch: Kleine Geysire in der näheren Umgebung lassen sich recht willkürlich »auslösen«, wenn man ihnen eine Stange Schmierseife in den Schlund wirft. Warum das so ist, hat noch kein Wissenschaftler herausgefunden, wie überhaupt der Funktionsmechanismus der Geysire noch nicht vollständig geklärt ist und immer wieder Streitgespräche unter den Gelehrten heraufbeschwört. Eine der plausibelsten Annahmen geht davon aus, daß die Geysirröhre tief unten einen Siphon bildet, etwa wie der Abfluß eines Waschbeckens. Darin sammelt sich Wasser, das die Röhre hermetisch abschließt. Baut sich unter dem Siphon hoher Dampfdruck auf, dann wirft er schließlich den »Wasserpfropfen«, der den Weg nach oben versperrt, als Ganzes aus. Ob nun die Erklärung stimmt oder nicht: Das grandiose Naturschauspiel wird dadurch nicht geschmälert.

»Und dann schaute ich himmelhohe Berge«

Heinrich Heine

Ruhelose Erdkruste

Die Annahme, daß die rund 1000° C heißen glutflüssigen Massen, die feuerspeiende Berge ausschleudern, tief aus dem Erdinnern heraufquellen, ist ebenso weit verbreitet wie falsch. Wäre die Erde ein Apfel von sechs Zentimetern Durchmesser, dann wäre ihre feste Kruste etwa genauso dick wie die Schale des Apfels: rund 0,1 Millimeter. 6000 Meter hohe Bergriesen würden auf drei Hundertstel Millimeter zusammenschrumpfen, und das bloße Auge könnte sie nicht mehr erkennen. Bezogen auf ihre enorme Größe hat die Erde also trotz ihrer Gebirgsketten und Tiefseegräben eine außerordentlich glatte Oberfläche. Das Besondere an dieser festen Kruste ist, daß sie auf dem zähflüssigen oberen Erdmantel schwimmt, wie eine dünne Eishaut auf einem riesigen tiefen Gewässer. Die Kruste ist übrigens keineswegs an allen Stellen gleich dick. Auf den Kontinenten ist sie bis zu 35 Kilometer mächtig, unter den Meeresböden mißt sie nur acht bis zehn Kilometer. Warum das so ist, läßt sich leicht einsehen: Je weiter zum Beispiel ein Eisberg aus dem Wasser herausragt, desto tiefer reicht sein Unterbau auf den Meeresspiegel hinab. Die Kontinente ragen höher über dem glutflüssigen Erdmantel hervor als die Ozeanböden;

27 ...und im Kraterboden brodelt grauer Schlamm, aufgequirlt von aufsteigenden Gasen.
28 Manche postvulkanische Aushauchungen enthalten solche Mengen gasförmiger Schwefelverbindungen, daß sich an den Rändern der Blaslöcher reiner kristalliner Schwefel abscheidet, wie hier an einer Fumarole auf dem Ätna.

29 Eine kleine Heißdampfquelle im Thermalgebiet Hveravellir zwischen Lang- und Hofsjökull auf Island. In den bewohnten Gebieten der Insel werden geothermales Wasser und Dampf oft zur Raumheizung und Heißwasserversorgung verwendet.
30 Auch die schwefelwasserstoffhaltige Gasquelle in der Caldera von Manziana in Mittelitalien weist auf ehemaligen Vulkanismus hin.

deshalb tauchen sie auch tiefer in den Erdmantel ein. Sie sind also dicker. Insgesamt schwimmen sechs mächtige Festlandschollen auf der zähflüssigen Gesteinsschmelze des Erdmantels; die europäisch-asiatische Scholle, Afrika, Nordamerika, Südamerika, Australien und die Antarktis. An diesen Schollen schieben und zerren gewaltige Kräfte. Einmal wirken die Fliehkräfte der sich um die eigene Achse und außerdem um die Sonne drehenden Erde auf sie ein. Dann machen sich die Gezeitenkräfte von Sonne und Mond bemerkbar, die ja mit Ebbe und Flut auch die Wassermassen der Ozeane bewegen. Außerdem übt das zähflüssige Erdmantelmaterial eine Kraft auf die schwimmenden Schollen aus; denn diese Gesteinsschmelze bewegt sich fortwährend: Abgekühlte Massen sinken ab, erhitzen sich in hundert oder zweihundert Kilometern Tiefe wieder und quellen erneut nach oben. Und schließlich glauben viele Geologen heute, daß sich die Erde wie ein Ballon langsam aber ständig ausdehnt, was zum Auseinandertreiben der Kontinente führt.

In sich bleiben die großen Kontinentalschollen stabil, aber sie reiben und stoßen sich gegenseitig, und an ihren Rändern führt das natürlich zu Rissen, Faltenbildung oder Übereinandergleiten. Dieser Bewegungsmechanismus ist verantwortlich für den Vulkanismus, und er ist es, der auch die mächtigen Faltengebirge unserer Erde entstehen ließ.

Wie das im einzelnen vor sich geht, läßt sich sehr gut an einem stark vereinfachten Modell erklären: Zwei kompakte, dicke Hartgummiplatten schwimmen mit einigem Abstand voneinander auf einer puddingartigen Masse. Die Zonen zwischen den massiven Platten füllt eine wesentlich dünnere und deshalb elastische Gummihaut aus, die mit den Platten fest verbunden ist. Äußere Kräfte schieben nun die beiden schwimmenden Platten aufeinander zu. Dabei wird die dünnere Gummihaut zwischen ihnen gestaucht und wirft eine Falte, die sich nach unten in den Pudding eindrückt. Ganz ähnliche Vergänge spielten sich vor rund zweihundert Millionen Jahren im heutigen Südeuropa und in Südasien ab. Italien und die Alpenländer, den ganzen Balkan, Iran, Pakistan und das Himalajagebiet sowie weite Teile Hinterindiens bedeckte damals ein großes langgestrecktes Meeresbecken, das im Süden bis zur nordafrikanischen Küste reichte: die Tethys. Den europäisch-asiatischen Urkontinent im Norden und den afrikanischen Urkontinent im Süden stellen im Gummiexperiment die beiden massiven Platten dar. Die elastische Gummihaut dazwischen repräsentiert die weitaus dünnere Erdkruste im Meeresboden der Tethys. Ur-Afrika begann, nach Norden zu drängen und stauchte den Tethysuntergrund, der mit der Bildung einer tiefen Falte reagierte. Die Geologen nennen solche Falten *Geosynklinalen*. Trotz dieser Faltenbildung blieb die Tethys aber ein Flachmeer, denn im gleichen Maße, wie sich ihr Boden senkte, füllten Sedimente das Becken wieder auf.

Flüsse trugen Sand und Lehm herbei, Korallen bauten mächtige Riffe, und abgestorbene Tiere und Wasserpflanzen bedeckten in den langen geologischen Zeiträumen den Meeresboden mit viele Hundert Meter dicken Schichten. Weil die tief in den glutflüssigen Erdmantel eintauchende Falte durch die Sedimente, die sie auffüllten, immer schwerer wurde, sank sie einerseits immer weiter ab; andererseits aber machte sich auch der Auftrieb bemerkbar, der jeden schwimmenden Körper hebt. Große Teile des Meeresbodens wurden zu Festland. Dazu kam der nicht nachlassende Druck der nach wie vor nach Norden drängenden afrikanischen Scholle, der schließlich die Geosynklinale samt Füllmaterial auf ein knappes Drittel ihrer ursprünglichen Breite zusammendrückte und ihren Inhalt als mächtige Gebirgskette nach oben preßte. Die Geologen nennen diesen Vorgang *Orogenese*, Gebirgsbildung. Er dauerte immerhin mehr als fünfzig Millionen Jahre und fand erst vor etwa acht Millionen Jahren seinen Abschluß. Die Alpen waren geboren, und von der alten Tethys blieb nur das Mittelmeer übrig, das auch heute noch schrumpft. Ravenna zum Beispiel lag im fünfzehnten Jahrhundert noch unmittelbar am Meer. Jetzt liegt die Küste acht Kilometer vor der Stadt.

Die Geburt der Alpen

Mit den Alpen zugleich wuchsen in Europa die Pyrenäen, die südspanische Sierra Nevada und die Gebirgszüge in Jugoslawien und Griechenland aus dem Meer. In Nordafrika entstand das Atlasgebirge, und in Asien türmte sich die Himalajakette auf. Einer ähnlichen Wechselwirkung von Geosynklinalen und nachfolgender Orogenese verdanken die Rocky Mountains und die Anden ihr Dasein.

Weil sich die Gebirgsauffaltung überall in der gleichen Weise abspielte, sollte man annehmen, daß sich auch die Bergketten gleichen wie ein Ei dem anderen. Um so mehr verblüfft allein der Formen-

31 Urlandschaft im Herzen der Schweiz: Mächtige, behäbige dunkle Felspyramiden wie der Trugberg (rechts, 3933 Meter) und das Große Fiescherhorn (Bildmitte, 4049 Meter) bestimmen das Landschaftsbild in den höchsten Bergen des Berner Oberlands...

32 ...Klassisch für diese Region ist auch die blendend weiße Schneepyramide des Silberhorns (3695 Meter)...

33 ...So mächtig die Felsdome aus dem ungegliederten Gestein auch sein mögen, senkrechte oder gar überhängende Wände und steil aufragende Zinnen gibt es hier praktisch nicht.

34 Vor der zyklopenhaften Dolomitfestung der Sella mit der beherrschenden Boé-Pyramide (3151 Meter) liegt schwer und düster der vulkanische Padon-Rücken.

reichtum der Alpen. Wie grundverschieden sind doch die klotzigen düsteren ungegliederten Felsmassive und die mächtigen Pyramiden des Eiger-Mönch-Jungfrau-Gebiets (vgl. Abb. 31 bis 33) von den eleganten Türmen und Zinnen der Dolomiten (vgl. Abb. 35). Und wie ganz anders wirken wiederum die Bastionen des hochgefalteten Schichtgesteins südlich der Engstligenalp im Berner Oberland (vgl. Abb. 36) oder etwa der dunkle Rücken des Padonkamms nördlich der Marmolada, der in der Kalk- und Dolomitwelt Südtirols wie ein Fremdkörper wirkt (vgl. Abb. 34). – Wie kommt das?

Was auf den ersten Blick ein relativ einfacher Mechanismus zu sein scheint, ist im Grunde ein äußerst vielfältiges und verzwicktes Geschehen. Zum einen hatten sich schon rund zweihundert Millionen Jahre vor der Geburt der Alpen auf ähnliche Weise Gebirge in Europa gebildet, die sogenannten *herzynischen Zentralmassive*. Zu ihnen gehören der Schwarzwald und die Vogesen, das französische Zentralmassiv und auch Gebiete im heutigen Alpenraum, zum Beispiel in der Gotthard-Gegend und im Berner Oberland, die aber später auf den Grund der Tethys abgesackt sind. Zum anderen füllte sich die Meeresspalte, aus der später die Alpen herausgepreßt wurden, durchaus nicht überall gleichmäßig mit Sedimenten: An manchen Stellen führten Flüsse Sand und Lehm herbei, an anderen wuchsen im damals warmen Klima mächtige Korallenriffe. Außerdem bildeten sich, als die Geosynklinale abzusinken begann, Risse in ihrem Boden, durch die Magma heraufquoll, das sich an der Gesteinsbildung beteiligte. Manche Magmadecken erreichten zwar gar nicht die Erdoberfläche, sondern drangen in Spalten und weite unterirdische Hohlräume ein; sie wurden aber später mit hochgefaltet. Und noch ein vierter Vorgang trug schon während der Entstehung der Alpen zur Fülle ihrer Formen bei: die Gesteinsumwandlung oder *Metamorphose*. Vulkanische Ergußgesteine oder auch Meeresablagerungen, die beim Absinken der Tethysfalte in größere Tiefen gelangten, gerieten dort unten in Gebiete mit hohen Temperaturen und hohem Druck und veränderten unter diesen Einflüssen vollkommen ihre Struktur. Das gleiche widerfuhr hier und dort auch den uralten Gesteinsmassen der herzynischen Gebirge. Und manche Massen wandelten sich je nach den veränderten Druck-Temperatur-Verhältnissen gleich mehrmals nacheinander um.

So kam es, daß beim Auffalten der Alpen äußerst verschiedene Steine aus der Geosynklinalen heraufgedrückt wurden: Ablagerungsgesteine oder Sedimente wie Sandstein, Kalk oder Dolomit, die oft noch deutlich ihren schichtenweisen Aufbau erkennen lassen (vgl. Abb. 39 und 40); Umwandlungs- oder Metamorphgesteine, die als kristalline Schiefer in Erscheinung treten (vgl. Abb. 38); und massige, strukturlose magmatische Gesteine, die unterirdisch als Granit erstarrt sind oder nach Vulkanausbrüchen Lava- und Basaltdecken bildeten (vgl. Abb. 34).

Damit ist die bunte Fülle der Gesteine erst in große Gruppen unterteilt, die der Geologe und der Mineraloge noch vielfach aufschlüsseln. So gibt es zum Beispiel geschichtete Dolomit- und Kalksedimente, die durch ruhiges Absinken in der Tethys entstanden sind (vgl. Abb. 39), und ungeschichteten Korallenriff-Dolomit (vgl. Abb. 37). Und zwischen der großen Gruppe der Granite und den verschiedenen vulkanischen Ergußgesteinen liegen quasi als Übergangsform noch die Pegmatite, die in tiefen Klüften erstarrt sind.

Außer der Gesteinsart spielt auch die Art der *Tektonik*, also die Bewegung der Massen während der Geburt der Alpen, eine wichtige Rolle. Je nachdem, wie alte Schichtgesteine zu liegen kamen, bilden sie heute flache Tafelberge oder steil aufragende Bastionen (vgl. Abb. 36). Andere Steine waren weniger elastisch. Sie ließen sich überhaupt nicht falten. Sie zerbarsten in große Blöcke und bauten chaotische Urlandschaften auf.

Doch auch damit erschöpfen sich die Einflüsse, die das Gesicht eines Hochgebirgs zeichnen, noch lange nicht. Den gesteinsbildenden Vorgängen und auftürmenden Kräften arbeiteten Verwitterung und Erosion entgegen. Im Laufe von Jahrmillionen zersetzten und zernagten sie die Felsen und verfrachteten den Schutt bis weit ins Alpenvorland hinaus. Sie modellierten steile Wände, bizarre Zacken und Zinnen, tiefe Risse, Verscheidungen und Kamine, sie formten behäbige Bergklötze oder weiches, mildes Hügelland, und sie türmten gewaltige Blocklandschaften und Schuttwüsten auf (vgl. Abb. 37, 38 und 43, 44).

Die Kräfte der Verwitterung sind übrigens keineswegs Wind, Wasser und Gletschereis. Sie können Felsen nichts anhaben. Chemische Prozesse sind es, die das Gestein zerfressen, die Wurzeln der Pflan-

35 Die Nordwände des Monte Cristallo haben dolomitischen Symbolcharakter: Die eleganten himmelstrebenden Formen der Berge lassen die mächtigen Felsbastionen ausgesprochen leicht erscheinen.

36 Als der nach Norden drängende afrikanische Urkontinent vor rund fünfzig Millionen Jahren die Alpen auffaltete, stellten sich ehemals horizontal gegliederte Schichten gelegentlich senkrecht, wie hier im Gebiet zwischen Lohner und Daubensee nördlich von Leukerbad (Schweiz).

zen, die feine Risse erweitern; Temperaturspannungen und Frostsprengungen, die Felsen zerbersten lassen. Das losgerissene Material tragen Wind, Wasser und Eisströme fort, und erst diese mitgeführten Sande, Steine und Felsbrocken verleihen den Stürmen, Flüssen und Gletschern ihre zerstörerische Gewalt. Den bei weitem entscheidendsten Anteil an der Verwitterung und Erosion haben dabei die Wasserläufe, vom feinsten Gerinne bis hin zum tosenden Wildwasser bei der Schneeschmelze. Sie gruben die tiefen Rinnen und wilden Schluchten, die engen Klammen und weiten Täler aus und formten so das typische Gesicht der alpinen Landschaft. Die formende Arbeit der Gletscher macht sich erst an zweiter Stelle bemerkbar (vgl. Abb. 41, 42 und 45). Von Gletschern geprägte Gebirge sehen anders aus (vgl. Abb. 46).

Berghang, Flanke oder Wand?

Wer einen Pfarrer nach dem Weg zum Bahnhof fragt, der wird zur Antwort bekommen, er solle vor der Sebastianskirche links abbiegen, an der Paulskirche rechts und dann sehe er bereits das Schild der Bahnhofsmission. Ein Gewohnheitstrinker wird den Fragenden vom Gasthof zur Sonne über den Goldenen Anker bis zur Bahnhofswirtschaft schicken. Jedem das Seine. – Der Geologe sieht in den Alpen die Gesteine, die Mineralien und die tektonischen Großformen. Den Alpinisten, ganz besonders den Kletterer, interessieren Oberflächenstrukturen. Auch er hat eine Fachsprache entwickelt, ein Register von Begriffen, das es ihm erlaubt, mit wenigen Worten zu sagen, was er meint. Weil diese Ausdrücke in der alpinen Literatur häufig sind und jeder Naturfreund, der in den Bergen reist, wandert oder klettert, früher oder später mit ihnen Bekanntschaft macht, soll hier eine kleine Übersicht das Wesentlichste erklären:

Band	ebener oder nur schwach geneigter Absatz, der wesentlich länger als breit ist
Couloir	schluchtartige, oft schmale Rinne, die senkrecht durch eine Bergflanke oder Wand zieht und oft schnee- oder eisgefüllt ist
Fensterl	kleine Scharte oder Loch in einem Felsgrat
Flanke (Bergflanke)	30 bis 50 Grad geneigter Bergabfall

Gesimse	fensterbrettartiger, schmaler Absatz
Grat	scharf ausgeprägte, vom Gipfel ausgehende Felsrippe, in der sich zwei Flanken treffen
Gratturm	freistehende Felsnadel auf einem Grat
Gufel	siehe Nische
Hang	weniger als 30 Grad geneigter breiter Bergabfall
Joch	leicht zu überschreitende Einsattelung in einem Kamm
Kamin	sehr steiler, von drei Seiten begrenzter Einschnitt, in dem der ganze Körper eines Alpinisten Platz findet
Kamm	längerer Verbindungsrücken zwischen zwei Gipfeln
Kante	steil abfallendes Gratstück
Kanzel	erkerartiger Wandvorsprung
Kar	von drei Bändern eingeschlossener und meist mit Geröll gefüllter Bergkessel
Karren (Schratten)	tiefe Verwitterungsrinne im Kalkgestein (Karsterscheinung)
Klemmblock	in Kaminen, Rinnen oder Schluchten eingekeilter Block
Leiste	sehr schmales Band
Nische (Gufel)	flache, höhlenartige Vertiefung in einer Wand
Paß	niedrigste Stelle in einem Gebirgszug, die als Übergang dient
Plattenschuß	dachartiger, häufig ziegelförmig geschichteter Wandteil
Plattform	waagerechter Absatz in steilem Gelände
Pfeiler	steiler säulenartiger Wandvorbau
Rampe	schräg ansteigende in eine Felswand eingebettete Plattenzone

37 Die Welt der Dolomiten lebt aus ihrem Kontrast: Kühne Burgen aus festem Fels (hier der Langkofel) stehen inmitten eines sanften hügeligen Almlandes. Der Grund für diese Gegensätze ist die unterschiedliche Erosion der sehr verschiedenartigen Materialien.

38 Die Pracht der Ötztaler Alpen liegt in ihren Schneegipfeln. Ohne das Weiß der Gletscher und Firnfelder wären diese Berge düster und monoton. Das ist typisch für die Erosionsform kristalliner Schiefer.

39 In der Brenta-Gruppe ist deutlich die horizontale Gliederung der alten Sedimente zu erkennen, die sich einst auf dem Grund des Urmeeres Tethys abgelagert hatten. Oft springen schmale Bänder aus den senkrechten Abstürzen der Brenta-Berge hervor und ziehen sich nicht selten quer durch ganze Wände. Ihnen folgen einige der berühmtesten Brenta-Klettersteige.

Rinne	durch Wasser eingefräste Vertiefung, die senkrecht durch eine Flanke oder Wand läuft
Rippe	grat- oder wulstartiger Wandvorsprung
Riß	senkrechter oder schiefer Einschnitt im Gefels, in dem der Kletterer gerade noch Hände oder Füße verklemmen kann
Runse	seichte Rinne
Sattel	flache Einsenkung in einem Kamm
Scharte	meist schwer zugänglicher Einschnitt in einem Grat
Schlucht	tiefer Einriß in einer Wand oder Flanke, der meist vom Grat bis zum Wandfuß verläuft
Schulter	waagerechter, deutlich markierter Absatz in einem Grat oder auf einer Rippe
Schratten	siehe Karren
Schrofen	mit Gras durchsetzter, meist brüchiger Fels
Spalt	Felseinschnitt, in dem der Kletterer gerade noch Arm oder Bein verklemmen kann
Sporn	wenig ausgeprägter, gratartiger Ausläufer einer Wand, der nicht vom Gipfel ausgeht
Terrasse	breiter Absatz in einer Wand
Turm	freistehende Felsnadel
Überhang	Wand oder Wandvorsprung von mehr als 90 Grad Neigung
Verschneidung	Einbuchtung aus zwei im stumpfen Winkel zusammentreffenden Wänden
Wand	50 bis 90 Grad steiler breiter Bergabfall
Wandstufe	besonders steiler Abfall in einer Flanke oder Wand

Abends sitzen sie in den Hütten, in Pensionen oder auf Campingplätzen, die Wanderer und Bergsteiger, beim Zitronenwasser oder einem zünftigen Grog. Randvoll sind sie mit Erlebnissen, begeistert vom immer wieder neuen Schauen, von den gemeisterten »Schlüsselstellen« in steiler Wand, selig-beglückter Gipfelrast. Es war halt wieder einmal die großartigste Tour, das kühnste Gefels, die ergreifendste Fernsicht... der allerschönste Tag. Wer sein geliebtes Gebirge mit offenen Augen und einem empfänglichen Herzen sieht, für den ist die Bergnatur voll von Superlativen. Rezepte gibt's keine. Schön ist es überall, und deshalb beschränkt sich dieses Kapitel auch darauf, nur Allgemeines über die Berge zu sagen, sie dem Verstand nahezubringen. Das Herz geht schon von selber auf; recht privat und individuell. Der eine findet sein Glück im strengen Gefels der Viertausender, den anderen beseeligt ein Bummel über blühende sanfte Almmatten vor der großartigen Kulisse mächtiger Eisriesen. Einfach hingehen muß man halt und schauen und bereit sein zum Staunen und Glücklichsein.

40 Hoch droben im Latemar (Dolomiten) ragen in chaotischer Felslandschaft Türme und Zinnen auf. Auch an ihnen läßt sich die horizontale Schichtung der ehemaligen Meeressedimente gut beobachten. Den Felsen in der Bildmitte nennen Bergsteiger scherzhaft »Turm von Pisa«.

41 Wenn Gletscher das Gesicht einer Berglandschaft prägen, dann dominieren breite, weit ausgeschliffene U-Täler mit steilen Wänden, wie hier im Pradidali-Kessel in der Pala-Gruppe bei San Martino...
42 ...Vom Wasser ausgewaschene Felsformen sind zerfurchter und zerklüfteter. Das Bild zeigt einen Blick von der Pissadu-Hütte im Norden der Sella-Gruppe.

»Einige Gletscher aber sind ungeheure Wildnisse«

(C.C.L. Hirschfeld, 1776)

Briefe, die Schweiz betreffend

»Die obersten Theile von den Schneebergen sind mit tiefem Schnee bedeckt, der sich seit vielen Jahrhunderten daselbst häufet. Die mitlern und untern Theile enthalten gemeiniglich eine fruchtbare Viehweide und werden auch zum Theil bewohnt. Einige Gletscher aber sind ungeheure Wildnisse, wo in einer Strecke von vielen Meilen Eisberge an Eisberge stoßen und keines Menschen Fuß hingekommen ist. Diesen Theil scheint sich die Natur allein vorbehalten zu haben, um da ihre ganze furchtbare Maiestät zu zeigen. Die Klüfte zwischen diesen Bergen sind von einer unermeslichen Tiefe. Oft hört man von den Spaltungen des Eises, oder von dem Einstürzen desselben ein so entsetzliches Krachen, als wenn das ganze umher liegende Gebirge in Stücken zerspringen wolte. Die Spaltungen sind oft über 400 Ellen tief; und wenn iemand hineinfällt, so ist er verloren, zum wenigsten ist es sehr selten, daß einer wieder herausgekommen. Man stürzt in einen Abgrund, wo man entweder von der großen Kälte, oder vom Schnee, oder von Hunger seinen Geist aufgeben mus. Indessen giebt es unter diesen Gegenden doch einige, worüber man reisen mus, weil man keinen andern Weg wählen kann. Oft bedeckt der Schnee so sehr die Oefnungen, daß ein Reisender sich kaum bei aller Vorsicht genug in Acht nehmen kan, um nicht hineinzustürzen. Um diese Gefahren zu vermeiden, so nimt ein Fremder Wegweiser mit sich, welche mit langen Stöcken in der Hand vorangehen und den Weg untersuchen, ob er auch Spaltungen hat; und findet man dergleichen, so mus man entweder hinüberspringen, oder wenn dies nicht geschehen kan, so wird ein langes Brett übergeworfen, welches man zu dieser Absicht mit sich führt. Die Gefahr vermehrt sich, wenn der Schnee erst frisch gefallen ist; denn man siehet alsdann nicht die geringste Spur von einem Wege. In diesem Fall mus man sich nach gewissen Maaßruthen richten, welche oft in einer Entfernung zur andern gesetzt sind, um darnach den Weg zu finden. An vielen Oertern aber setzen die Anwohner keine dergleichen Maaßruthen, damit die Reisenden genöthigt werden, sie zu Wegweisern anzunehmen und sie gut zu bezahlen. Bei allen diesen Umständen mus man noch die Schuhe mit kleinen spitzigen Nägeln beschlagen lassen, um nicht auf dem Eise zu fallen, und man mus dabei mit vieler Behutsamkeit gehen. Diese Gefahr, in Spaltungen zu stürzen, ist es nicht allein, der man ausgesetzt ist. Oftmals reissen sich von den Spitzen der Berge große Stücke von Eis los, die sich mit einer ungestümen Gewalt herabwälzen, alles niederreißen, was ihnen begegnet, und die Wege dergestalt bedecken, daß man weder weiter gehen, noch wieder zurückkommen kan... Was mir besonders bei den Eisbergen merkwürdig vorgekommen, besteht darin, daß das Wasser, welches von denselben herabfließt, das gesundeste von der Welt ist. Ein Reisender, der üeber die Alpen geht, kan kein anderes Wasser trinken, ohne sich der Gefahr einer Krankheit auszusetzen. Aber das Wasser von den Eisbergen kan man so gar früh Morgens, ehe man etwas zu sich genommen hat, trinken, und es hat eine ausserordentliche Kraft, den Körper zu erfrischen. Die Leute, die in diesen Gegenden wohnen, brauchen bei Fiebern und Zahnschmerzen keine andere Arzenei, als dieses Wasser.«

So gewissenhaft und objektiv beschreibt der Reisende C.C.L. Hirschfeld 1776 in seinen »Briefen, die Schweiz betreffend« die Schrecknisse der Alpengletscher. Seither sind zwei Jahrhunderte vergangen, die Gletschererforschung ist zur Wissenschaft geworden, und die modernen Alpinisten rücken den Eiswildnissen mit hochfesten Leichtsteigeisen, modernen Eispickeln, Kernmantelbergseilen, Eis-

43 In den nördlichen Kalkalpen. Vom Zugspitzaufstieg geht der Blick zurück auf die Waxensteine und den verschneiten Höllentalanger (rechts unten).

44 Etwa zugleich mit den Alpen entstanden die Gebirge Korsikas, deren strenges Granitgefels in der Tat oft westalpinen Charakter besitzt.

schrauben und Haken und nicht selten sogar Steigleitern zu Leibe. Keine Eiswand ist zu steil, kein Gletscherbruch zu hoch; einer findet sich immer, der mit meisterhafter Eisklettertechnik – oder schwer zu überbietendem Leichtsinn – die gewagtesten Führen bezwingt. Trotzdem: wenn auch die subjektiven Schwierigkeiten dank perfekter Ausrüstung und ausgefeilter Technik geringer geworden sind, an den objektiven Gefahren der Gletscher hat sich seit Hirschfelds Zeiten nichts geändert.

Auf Gletschern wandern

Gletscherwanderungen werden mit Recht immer beliebter, denn sie schenken ein so unmittelbares und tief ergreifendes Erleben wildester und großartigster Natur, wie es nur Extremlandschaften bieten können. Aber wer sich diese phantastische Welt erschließen will, der sollte wissen, was ihn dort erwartet, bevor er die ersten Schritte auf dem Eis macht. Einhandsegler und Wüstenfahrer informieren sich vor ihren Unternehmungen ganz selbstverständlich über Klippen, Meeresströme, Sturmzonen oder Flugsandfelder und Wasserstellen. Den Ferienalpinisten dagegen bringen Paßstraßen und Seilbahnen rasch und ohne jegliche Strapaze in die Wunderwelt des ewigen Eises, und die Zahl der Fels- und Gletschertouristen mit mangelhafter Ausrüstung oder völlig unzureichender Technik ist erschreckend. Wie man's richtig macht, wie man auch überraschende Gefahren vermeidet oder meistert, das lernt man am besten in den Fels- oder Eiskursen der Alpenvereine. Wochenendlehrgänge lokaler Fremdenverkehrsvereine sind dafür beileibe kein Ersatz!

Wer in ein oder zwei Wochen die nötigen Grundkenntnisse erworben hat – schon das macht Freude, denn man lernt ja in der Praxis –, dem eröffnet sich eine Wunderwelt aus Rissen und Spalten, bizarren Türmen, sanften Firnfeldern und mächtigen Gletscherbrüchen, türkisfarbenen Eisseen und tosenden Wildwassern, eingegraben in glasig leuchtendes Blaueis.

Vor zwanzig Jahrtausenden, in der Eiszeit, bedeckte eine einzige riesige Gletscherdecke die gesamten Alpen. Sie füllte alle Kare und Täler und bildete ein gewaltiges flaches Eispaket, aus dem nur hie und da die Spitze eines der größten Bergriesen emporragte. Außer den Alpen lag vor Jahrzehntausenden ganz Nordeuropa unter einer mächtigen Gletscherdecke begraben: Skandinavien, die Britischen Inseln, die Niederlande und Norddeutschland. Inzwischen ist es wärmer geworden, im Jahresmittel zwar nur acht bis zwölf Grad; aber das genügte, um den größten Teil des Eises abschmelzen zu lassen. Die heutigen Gletscher sind bescheidene Reste der gewaltigen Vereisungen von einst, und der Rückzug des Eises dauert noch an. In schneereichen, kalten Jahren stoßen die Gletscherzungen manchmal noch weiter vor. Zwischen 1850 und 1860 drangen sie besonders weit in die Täler hinab. Seitdem haben sie aber immer mehr an Boden und an Mächtigkeit verloren. Deutlich zeigen das die einst bedeckten, jetzt nackten Schutthalden an ihrem Rand (vgl. Abb. 52). Trotzdem sind die Massen gefrorenen Wassers in den Alpentälern auch heute noch beachtlich: Der Große Aletschgletscher, der aus den höchsten Höhen des Berner Oberlandes im eleganten Bogen ins Wallis hinunterfließt, ist immerhin 27 Kilometer lang und hat eine Fläche von 115 Quadratkilometern (vgl. Abb. 52). 1951 Quadratkilometer bedecken die 140 Gletscher der Schweiz. Demgegenüber nehmen sich die Eiszungen Österreichs bescheiden aus. Und doch: Wer über den neuneinhalb Kilomter langen Gepatschferner oder die ebenso ausgedehnte Pasterze im Großglocknermassiv wandert, dem nötigen auch diese Eismassen Respekt ab.

Die Schweiz: Land der großen Gletscher

Die ganze Wunderwelt alpiner Gletscher mit all ihren vielen Gesichtern vereinigt aber auf kleinstem Raum die Schweiz. Jeder Eisstrom hat seinen besonderen Charakter, jeder bietet andere Reize. Die größten Schweizer Eismeere haben Namen von Weltrang. Neben der immensen Bilderbuchzunge des Aletschgletschers, die im weiten Tal großzügig hingestreckt das zentrale Berner Oberland beinahe vollkommen durchquert, wirkt der Unteraargletscher mit den ihn einrahmenden schroffen Felsflanken und kühnen Gipfelbauten wie ein Stück wildester Karakorumlandschaft (vgl. Abb. 51). Viel weiter angelegt ist die beeindruckende eisige Welt, die sich vom höchsten Schweizer Gipfel zum berühmtesten hinstreckt: der Gornergletscher mit seinen verschiedenen Zuflüssen zwischen Monte Rosa und Matterhorn in den Walliser Alpen (vgl. Abb. 48 und 49). Ein besonderes Juwel ist auch das eisige Einzugsgebiet des Morteratschgletschers zu Füßen der majestätischen Schneehäupter der Bernina-Gruppe (vgl. Abb. 50). Fast alle lassen sie sich leicht erreichen, diese beeindrukkenden Zeugen der Eiszeit. Bergbahnen führen hoch hinauf über ihre Betten und vermitteln auch älteren und gebrechlichen Reisenden fas-

45 Schweizer Alpen aus zehntausend Metern Höhe: eine Berglandschaft, wie sie nur fließendes Wasser geformt haben kann. Im Vordergrund, etwas rechts der Bildmitte, zeigt sich deutlich, wie V-Täler entstehen.

46 Ganz anders als die Alpen sehen von Gletschererosion geprägte Gebirge aus. Die Landschaft wirkt weit, ihre Formen muten arktisch an. Auf diesem Bild sind es die höchsten Höhen Norwegens in Jotunheinmen, 250 Kilometer nordwestlich Oslos.

47 Ein einziger gewaltiger Eisbruch bedeckt die Nordflanke des 4810 Meter hohen Mont Blanc.

zinierende Gletscherblicke. Von den genannten ist allein der Unteraargletscher weniger gut erschlossen. Aber der vierstündige Fußmarsch vom Grimselhospiz zur Lauteraarhütte, von der aus sich ein Fels- und Eispanorama von geradezu unbeschreiblicher Wildheit bietet, lohnt sich. Und daß man sich den Genuß für Auge und Herz mit den eigenen Beinen verdient hat, fernab von jeder lauten Seilbahnstation, tut besonders gut. Auch der drittgrößte Schweizer Eisfluß, der zwischen Grünhorn und Finsteraarhorn eingespannte Fieschergletscher, will erwandert werden, und auch seinen Besucher erwartet ein unvergeßliches Schauerlebnis.

Wer freilich schon über etwas Gletschererfahrung verfügt und einen ebenso begeisterungsfähigen wie marschtüchtigen Seilzweiten kennt, der fahre an einem klaren Spätsommermorgen mit der Jungfraujochbahn von Lauterbrunnen oder Grindelwald aus hinauf zum 3475 Meter hohen Jungfraujoch, binde sich ins Bergseil ein und bummle in zehn oder elf Stunden gemütlich den großen Aletschgletscher beinahe in voller Länge hinunter, bis zum Fuß des Eggishorns (vgl. Abb. 54). Von dort kann er, vorbei am kleinen Märjelensee, nach Fiesch im Wallis absteigen oder auf herrlichem Aussichtspfad eine der Seilbahnstationen an der Südseite des Eggishorns erreichen. Er wird unterwegs beinahe alles sehen, was ein alpiner Gletscher an Formen und Besonderheiten zu bieten hat.

Vom Firn zum Eis

Oben, in den ausgedehnten Firnfeldern am Jungfraujoch, steht er inmitten eines der *Nährgebiete* des Gletschers, im Jungfraufirn. Glitzernd weiß zieht es zwischen Kranzberg im Westen und Trugberg im Osten in sanftem Schwung zu Tal. Solche Nährzonen hat jeder Gletscher. Hier entsteht das Eis. Die Nährgebiete liegen so hoch, daß der im Laufe des Jahres fallende Schnee auch im Sommer nicht wieder abschmilzt. Die Schneedecke wird deshalb dicker und dicker und verfestigt sich unter der Last ihres eigenen Gewichts zu *Firnschnee*. Ein Meter Firn entsteht aus sechs bis acht Metern Lockerschnee. Aber auch der Firn enthält noch viel Luft, die der in tieferen Lagen ständig zunehmende Druck herauspreßt: Es entsteht Eis. Im Gletscherinneren, zum Beispiel in den tiefen Spalten, läßt sich noch lange das milchige, aus lockerem Winterschnee entstandene Eis vom glasig blauen Eis aus dem stärker zusammengebackenen Sommerschnee unterscheiden (vgl. Abb. 60). Die Nährgebiete eines Gletschers zeigen besonders schön die Abbildungen 48, 49 und 53. Unter dem gewaltigen Druck des Firns und Eises schmilzt der neugeborene Gletscher an seiner Sohle auf. Das Wasser wirkt wie ein Schmierfilm, und die gesamte Eismasse gerät ins Rutschen. Langsam fließt sie zu Tal. So entstehen die bekannten Gletscherzungen. Dabei genügen kleinste Neigungswinkel. Das Eis fließt schon bei einem Gefälle von weniger als einem Grad. In den obersten Regionen des Nährgebiets reicht der Druck oft noch nicht aus, um das Fließen einzuleiten. Das Firnfeld bleibt dann selbst an steilen Flanken unbeweglich hängen. Zwischen ihm und den tiefer gelegenen, abfließenden Eis- und Firnmassen entstehen ausgeprägte, tiefe Risse, die *Bergschründe* (vgl. Abb. 64 und 65).

Doch zurück zum Jungfraufirn. Wer an der Ostseite des weiten Schneefelds absteigt, der kommt nach wenigen Hundert Metern an einem eindrucksvollen Eisbruch vorbei, der von den Flanken des Trugbergs herunterleckt (vgl. Abb. 55). Solche Brüche sind oft der untere Abschluß von *Hängegletschern*. Das sind Gletscher ohne Zunge, die eine Bergflanke herabfließen und an ihrem Ende über eine steile Wand abbrechen.

Wo der Jungfraufirn aufhört und der Aletschgletscher in massives Eis übergeht, wird die Wanderung oft etwas unbequem. Besonders im Spätsommer hat hier der Wind die Gletscheroberfläche in Heerscharen kleiner Eismännchen verwandelt, die das Vorwärtskommen erschweren (vgl. Abb. 58). Manchmal sind diese Figuren alle in eine Richtung geneigt und sehen dann aus wie Gruppen kniender Gläubiger. *Büßereis* nennt sie der Bergsteiger.

Wenig später münden von links mit einem mächtigen Bruch die vom Ewigschneefeld kommenden Eismassen in den Gletscher ein, und genau gegenüber ergießt sich aus einem flachen Seitenkessel der Eisstrom des Großen Aletschfirn (vgl. Abb. 53). Hier liegt in rund 2800 Metern Höhe der Konkordiaplatz, wohl einer der merkwürdigsten Flecken in ganz Europa. Einige Quadratkilometer weit liegt hier das Eis vollkommen eben in einer mächtigen Mulde. Außer Fels und Eis, Himmel und Wasser gibt es nichts, soweit der Blick reicht. Und er reicht weit. – Wasser? Ja, im Sommer, besonders in den Mittagsstunden, ist der ganze Konkordiaplatz oft ein einziger gewaltiger *Glet-*

48 Nährgebiet und Zehrgebiet des steilen und kurzen Schwärze-Gletschers, der, vom Pollux kommend, in den Gornergletscher südlich von Zermatt einmündet, lassen sich deutlich unterscheiden: In den Firnschneefeldern der höheren Lagen bildet sich ständig neues Eis, in den schneefreien unteren Regionen schmilzt der Gletscher ab.

49 Der Blick vom Gornergletscher macht deutlich, welche Firnmassen das höchste Bergmassiv der Schweiz, die Monte-Rosa-Gruppe, beherbergt. Hier bildet sich fortwährend neues Gletschereis.
50 Das Nährgebiet des Vadretgletschers vor der Kulisse des 3905 Meter hohen Piz Palü in der Bernina-Gruppe gehört zu den eindruckvollsten Bildern der Alpen. Rechts außerhalb des Bildes mündet der Eisstrom in den berühmten Morteratschgletscher ein.

schersumpf. Schmelzwasser sammelt sich auf dem Eis und kann nicht abfließen, weil es an Gefälle fehlt und weil der ebene Gletscher keine Spalten bildet. Schon mancher Wanderer erlebte hier unangenehme Überraschungen, wenn der Sumpf oberflächlich zugefroren war und die dünne Eishaut brach. Meistens steht man dann knöchel- oder knietief im Wasser. Es gibt jedoch Stellen, die zwei Meter tief sind! Das Wasser auf dem Gletscher hat aber gerade am Konkordiaplatz auch seine Reize. Der kleine grüne Eissee, unmittelbar vor dem Serakbruch des Ewigschneefeldes, auf dem oft Treibeis schwimmt, verleiht der ohnehin schon großartigen Landschaft den Reiz polarer Szenerien (vgl. Abb. 61).

Von Spalten, Seraks und Moränen

Serakbruch? Um zu erklären, was *Seraks* sind, muß erst von Gletscherspalten die Rede sein. Ein fließender Alpengletscher legt je nach Größe und Gefälle seines Betts jährlich dreißig bis zweihundert Meter zurück. Das wandernde Eis findet durchaus nicht überall gleichartige Geländeverhältnisse vor. Schiebt es sich über eine Stufe, dann treten in den oberen Lagen des Gletschers gewaltige Zugspannungen auf, die das Eis zerreißen. Es entstehen *Querspalten*, die oben weit offen sind und nach unten immer enger werden, sogenannte *V-Spalten* (vgl. Abb. 48). Wandert der Gletscher durch eine Senke, dann entstehen ebenfalls Querspalten, die aber oben eng und unten sehr breit sind. Wegen ihrer Form heißen sie *A-Spalten*. Sie sind der Schrecken aller Gletscherwanderer, denn ihre schmalen Öffnungen können leicht durch dünne Neuschneebrücken verdeckt sein. In Gletschern, die über einen Geländerücken fließen, der längs in ihrem Bett liegt, klaffen weite *Längsspalten* (vgl. Abb. 69). Bilden sich Längs- oder Querspalten gleichzeitig, dann zerreißt das Eis in eine Fülle bizarrer Türme und Säulen: die *Seraks* (vgl. Abb. 47 und 63). Spalten bilden sich auch an den großen Rändern der Eisflüsse, denn auch hier kommt es zu Spannungen, weil das tiefe Eis in der Gletschermitte schneller fließt als das dünne Eis der Randzonen. *Randspalten* sind im großen und ganzen Längsspalten, in Fließrichtung mit einem leichten Einschlag zur Gletschermitte hin.

Wie mächtig die alpinen Eisströme in ihrer Mitte sein können, dafür legt gerade der Konkordiaplatz ein beredtes Zeugnis ab: Das Eis ist hier 700 Meter dick!

Wer nicht in einer der geräumigen neuen Hütten des Schweizer Alpenvereins auf einem Felssporn oberhalb des Konkordiaplatzes übernachten will, sondern weiter gletscherabwärts wandert, dem fallen zwei sehr gleichmäßige Schuttstreifen auf, die den Eisfluß entlang laufen, wie Fahrspurmarkierungsstreifen auf einer gigantichen Autobahn (vgl. Abb. 52). Es sind *Mittelmoränen*. Steinschlag von den benachbarten Felshängen belädt die Gletscher mit Schutt, den sie auf ihrem Rücken zu Tal tragen.

Normalerweise erreicht er nur die Randgebiete der breiten Gletscherzonen *(Seitenmoränen)*; aber dort, wo sich zwei Gletscher vereinigen, fließen die seitlichen Schuttstreifen zu einem zentralen zusammen (vgl. Abb. 50 und 51). Weiter unten im Tal, am Ende der Gletscherzone, lädt das Eis seine Steinlast als hohen Wall ab. Das ist die *Endmoräne* (vgl. Abb. 64).

Manchmal liegt ein großer Felsbrocken im Moränenschutt. Bei starker Sonneneinstrahlung schmilzt das Eis um ihn herum und bleibt nur im Schatten unter ihm als Säule stehen.Solche Gebilde sehen wie Tische auf dem Gletscher aus, und genauso heißen sie: *Gletschertische* (vgl. Abb. 57).

Auch unter sich schleppt der Eisstrom Felsbrocken und Schotter mit. Dabei zermahlt er das Gestein dieser *Grundmoränen*, denn auf seinem Boden herrschen Drücke von mehreren Hundert Tonnen pro Quadratmeter. Der zerschmirgelte Schutt schleift natürlich auch den felsigen Untergrund ab. Ehemalige Gletscherbetten sehen oft regelrecht geschliffen und poliert aus. Viele solche »Gletschergärten« entstanden natürlich in der Eiszeit, und Gebiete mit besonders schönem Felsschliff stehen heute oft unter Landschaftsschutz: der »Gletschergarten« im Stadtzentrum von Luzern, das sehr sehenswerte »Gletschermühlen-Reservat« unweit des alten Schlosses auf dem Malojapaß oder der »Gletschergarten« zwischen Innzell und Bad Reichenhall.

Die alten Gletscherböden kennzeichnet aber nicht nur ihr Felsschliff. Vielmehr fallen die tiefen zylindrischen Kessel auf, die hier drehend und bohrend in das gewachsene Gestein eingearbeitet sind (vgl. Abb. 62). Der größte dieser Töpfe im Luzerner Gletschergarten hat einen Durchmesser von 8 Metern und 9,5 Meter Tiefe. Er ist in

51 Wo Lauteraargletscher (von rechts) und Finsteraargletscher (von links) zusammenfließen, beginnt der Unteraargletscher. Mächtige Moränen bedecken ihn.

52 So präsentiert sich das mächtigste Eisfeld Europas, der Große Aletschgletscher vom schönsten Aussichtsberg der Schweiz aus: vom Eggishorn.

53 Jungfräulich und leuchtend weiß dehnt sich der Große Aletschfirn von der 3178 Meter hohen Lötschenlücke zum Konkordiaplatz herab...
54 ...Vom Jungfraujoch, von dem aus dieses Bild aufgenommen wurde, bis dorthin, wo der Große Aletschgletscher am Fuße der Eggishornpyramide nach rechts den Blicken entschwindet, hat der Gletscherwanderer eine Strecke von 15 Kilometern vor sich.

Sandstein eingegraben. Der harte Gneis im Reservat von Maloja ist weitaus widerstandsfähiger, aber auch hier finden sich Kessel von 6, 7 1/2, 9 oder sogar 11 Metern Tiefe und 3 bis 7 Metern Durchmesser. Wie sind sie entstanden? – Lange Zeit glaubten die Gletscherforscher, das auf dem Gletschergrund abfließende Wasser habe sie geschliffen, indem es in Felsvertiefungen Mahlsteine herumwirbelte, die sich durch ihre kreisende Bewegung langsam immer weiter und weiter in den Untergrund hineinarbeiteten. Gletschermühlen hießen diese Töpfe deshalb. Heute weiß man, daß der Mechanismus ein anderer ist. Die Steine, die sich oft in den alten Kesseln fanden, waren zufällig hineingefallen. Als Mahlsteine müßten sie sich selbst kugelrund abgeschliffen haben. Genau das trifft aber in vielen Fällen gar nicht zu. Außerdem verlaufen die ausgeschliffenen Ringe und Spiralen in den Felstöpfen oft gar nicht in einer Ebene. Sie durchdringen sich gegenseitig, schneiden sich unter spitzen Winkeln oder stehen diagonal zur senkrechten Achse des Topfes. Ein rotierender Stein kann kein so kompliziertes Schliffmuster erzeugen, ganz abgesehen davon, daß seine Kraft auch in stärksten Wasserstrudeln kaum gereicht haben dürfte, in den harten Fels Löcher so gewaltiger Ausmaße einzufressen. Eine andere Erklärung wird all diesen auf den ersten Blick schwer verständlichen Erscheinungen gerecht: Das Wasser, das diese Töpfe eingetieft hat, muß wie aus einer Düse gespritzt den Fels mit gewaltiger Vehemenz getroffen haben. Mitgeführter Schutt wirkte dabei wie ein Sandstrahlgebläse. Das ist aber nur denkbar, wenn das Wasser aus großer Höhe herabgeschossen ist. Genau das läßt sich beispielsweise auf dem Großen Aletschgletscher gut beobachten. Etwa am Konkordiaplatz beginnt das *Zehrgebiet* des Gletschers. Hier schmilzt das aus dem Nährgebiet vorgedrungene Eis. Auf der Gletscheroberfläche bilden sich reißende Bäche, die nicht selten mehrere Kubikmeter Wasser pro Sekunde fördern. Manche sind viele Kilomter lang. Dann erreichen sie plötzlich eine Spalte oder ein Loch im Eis, und die Wassermassen schießen gurgelnd und rauschend in die Tiefe hinab (vgl. Abb. 59). Ein mehrere Hundert Meter hoher Wasserfall in freier Luft zerstäubt. Die anfänglich geschlossen herabstürzende Wassersäule löst sich in winzige Tröpfchen auf, denen keine zerstörerische Wucht mehr innewohnt. Im Gletscher ist das anders: Hier ist das Wasser kanalisiert, schießt durch enge Röhren, in denen es nicht zerstäuben kann, passiert Engstellen, die den Strahl wie Düsen bündeln und seine Kraft noch erhöhen (vgl. Abb. 60). Der Sand und Steine führenden Wasserkanone, die schließlich auf den Gletscherboden hinunterschießt, hält kein Fels stand. In wenigen Jahren arbeitet sie gigantische Gletschertöpfe aus. Dabei ist sie jeweils nur in den Sommermonaten tätig, denn im Winter fließen keine Schmelzwasser. Und selbst im Sommer unterbricht der bohrende Wasserstrahl oft für längere Zeit seine Arbeit. Der Gletscher wandert mit. Der Strahl bohrt vorübergehend an einer anderen Stelle, weshalb Gletschertöpfe meistens gruppenweise auftreten (vgl. Abb. 62). Erst wenn am gleichen Ort wie zuvor eine neue Gletscherspalte aufreißt, kann er am alten Topf weiterfressen. Auch das ist in Abbildung 59 gut zu erkennen: Im Vordergrund des Bildes liegt trocken das schuttgeschwärzte Bett eines Gletscherbaches, der jetzt den Weg durch einen neu entstandenen Eisschlund in die Tiefe findet.

Unter dem Gletscher sammelt sich das durch die einzelnen Spalten herabstürzende Wasser zu einem zentralen Bach, der am Zungenende den Gletscher verläßt und dabei oft ein größeres *Gletschertor* aufschmilzt (vgl. Abb. 56).

Außenseiter unter den Alpengletschern

Einige wenige Gletscher in den Alpen passen nicht in das Schema des Talgletschers mit seiner langen Zunge und all seinen Moränen. Das sind einmal die *Kar-* und *Schluchtgletscher*, die ohne Abfluß am Ort ihres Entstehens liegenbleiben und meistens von Lawinen genährt werden, wie das Schöllhorneis und die Eiskapelle in der Watzmann-Ostwand. Dann sind es die *Hängegletscher*, von denen schon die Rede war und zu denen etwa der Gletscher am Lyskamm im Monte-Rosa-Gebiet zählt. Und schließlich gehören die *Plateaugletscher* hierher, die nicht in Tälern, sondern auf Hochflächen liegen und manchmal Zungen in verschiedene Richtungen entsenden, wie die Übergossene Alm am Hochkönig. Sie verkörpern am besten die Verhältnisse während der Eiszeit oder in Polarregionen (vgl. Abb. 66).

Plateaugletscher riesigen Ausmaßes finden sich in Norwegen und auf Island. Der Vatna-Jökul auf der »Insel zwischen Eis und Feuer«, wie die Einheimischen Island nicht zu Unrecht nennen, bedeckt eine Fläche von 8000 Quadratkilometern. Demgegenüber nimmt sich der

55 Vom Trugberg her mündet ein mächtiger Eisbruch in den Jungfraufirn.
56 Das Gletschertor des kleinen Kargletschers im Bergkessel »Cirque de Gavarnie« in den französischen Pyrenäen ist im warmen Spätsommer eingestürzt. Im nächsten Frühjahr werden es die Schmelzwasser neu bilden.

57 Wo zu Füßen des Matterhorns der untere Theodulgletscher in den Gornergletscher mündet, entstehen im Sommer oft malerische Gletschertische.
58 An der Grenze zwischen Nähr- und Zehrgebiet des Großen Aletschgletschers, etwas oberhalb des Konkordiaplatzes, hat der Wind ein Heer bizarrer Eismännchen geformt: sogenanntes »Büßereis«.

größte Plateaugletscher des europäischen Festlands, der Jostedalsbreen in Südnorwegen, mit seinen 1200 Quadratkilometern Firn und Eis bescheiden aus. Und doch ist dieses skandinavische Inlandeisfeld zehnmal so groß wie der größte Alpengletscher. Rund 200 Zungen lecken von ihm herab, manche viele Kilometer weit.

Auf dem Weg zum größten Eisfeld des Kontinents

Wer einen harten 1900-Meter-Aufstieg mit großem Tourengepäck nicht scheut, der kann dem skandinavischen Eisriesen einen zünftigen Besuch abstatten. Die ohnehin recht spärliche einschlägige Literatur empfiehlt meistens den weglosen Aufstieg aus dem Kessel des Briksdalsbreen. Dieser Talschluß mit seinem grünen Gletschersee und dem mächtigsten Eisbruch des Kontinents (vgl. Abb. 69 bis 71) ist unbedingt einen Besuch wert. Aber der vorgeschlagene Anstieg zu den Höhen des Jostedalsbreen ist von dort aus kein reines Vergnügen. Viel einfacher und genußreicher geht es seit einigen Jahren vom kleinen Örtchen Kvamme aus, das wenige Kilometer vor Briksdal im malerischen Oldedalen liegt. Man erkundige sich nach dem Bergführer Olaf Kvamme oder seinem Sohn, nach deren Vorfahren sich der Weiler nennt. Dem ruhigen und doch zugleich Leben und Wärme ausstrahlenden Sohn der Berge händige man eine kleine Geldsumme für Hüttenbenutzung aus (1976 waren es für zwei Personen und zwei Nächte zehn DM) und lasse sich den Weg zum »Flatsteinbu« erklären. Olaf Kvamme und die Seinen haben diesen bisher einzigen Stützpunkt am Gletscher mit eigenen Händen geschaffen. Alles nötige Material für die urgemütliche winzige Holzhütte, die eigentlich nichts ist als ein Giebel mit zwei Stirnseiten, schleppten sie mehr als 1500 Meter steil hinauf. Was ist dagegen ein lumpiger 17-Kilo-Rucksack mit Bergausrüstung und Proviant für zwei Tage? Hat man den »Flatsteinbu«, der weder flach ist noch aus Stein besteht, erst erreicht, dann fehlen bis zum Gletscherrand nur noch rund hundert Höhenmeter. Von dort erreicht man in etwa zwei Stunden Marsch über ein endlos scheinendes erstarrtes Meer aus Firn und Eis leicht den höchsten Punkt des Jostedalsbreen. Das Erlebnis dieser weißen Wüste läßt sich nicht in Worte fassen. Achtzig Kilometer weit streckt sich das Riesenkissen aus Eis über ganze Bergzüge dahin (vgl. Abb. 67 und 68). Nur hier und da überragt ein schwarzer Felsklotz um ein geringes die sanfte Gletscherlandschaft. *Nunatakr* heißen diese Inseln im Eis nach einem alten Eskimowort. Sie erst setzen Maßstäbe in der grandiosen Ödenei: Eine halbe Stunde, eine Stunde lang marschiert man über die Eisfläche, und der Nunatakr zur Rechten scheint mitzuwandern. Kommt man denn in diesen endlosen Weiten überhaupt nicht voran? Wind peitscht über die kahlen starren Höhen. Und dann kommen mit einemmal Wolken auf, in des Wortes wahrster Bedeutung. Sie quellen von unten empor, aus den Tälern fern am Gletscherrand. Sie kriechen wie Walzen über das Eisfeld, doch der Sturm drängt sie immer wieder zurück. Die Sicht auf dem Jostedalsbreen bleibt frei, und es geht noch einmal ohne Kompaß. Aber was für eine Sicht ist das: soweit das Auge blicken kann nichts als ein welliges, glattes oder durchfurchtes Eisfeld, eingerahmt in einen fernen Kranz aus Wolken, und darüber nichts als der Himmel (vgl. Abb. 68). Wie ergreifend kann so ein Nichts sein! Der Mensch ist verloren in dieser endlosen Weite. Oder er fühlt irgendwo im Innern andächtig eine beglückende Geborgenheit inmitten urgewaltiger Natur. Kompromisse gibt es nicht.

59 Ein reißender, metertiefer Gletscherbach schießt tosend in einen senkrechten Eisschlund. Einige hundert Meter tiefer prallt er mit elementarer Gewalt auf den nackten Fels (Großer Aletschgletscher).

60 Tief im Gletscherinneren hat das Wasser, das zunächst einer Spalte folgte, eine regelrechte Röhre in das Eis gefressen. Hier fließt es nur spärlich, denn die Aufnahme entstand an einem kühlen und daher schmelzwasserarmen Sommertag (Rhône-Gletscher bei Gletsch).

»Türme und Mauern wie Ruinen uralter Burgen«

(Erna Lendwai-Dircksen, 1960)

Bizarre Welt aus Granit

Wer jemals mit dem Auto die malerische Küstenstraße im Westen Korsikas entlanggebummelt ist, der kennt auch die »Calanques« in der Bucht von Porto: bizarre Türme aus rotem Granit, hoch über den steil zum Meer abfallenden Klippen (vgl. Abb. 72). Der harte Fels wirkt, als hätte ihn ein abstrakter Künstler in mühevoller Arbeit mit Hammer und Meißel traktiert. Und doch waren es viel sanftere Gewalten, die ihn geformt haben: Wärme, Kälte und Wind. Temperaturspannungen beim Wechsel von warm und kalt, ließen den Granit bersten, zogen Risse durch die mächtigen Felsbrocken. Für die bizarren Silhouetten zeichnet der Wind verantwortlich.

Gewiß, fließendes Wasser mit seiner Last aus Sand und Schutt kann Gestein schneller abtragen, aber es ist nicht so launisch wie der Wind. Es schafft keine so grotesken Formen. Bäche und Flüsse schneiden tiefe Rinnen und Schluchten in die Erde, bohren Strudellöcher und Tobel in den soliden Fels (vgl. Abb. 79), aber sie modellieren keine Phantasieskulpturen, keine versteinerten Fabelwesen. Das kann allein der Wind. Bestenfalls geht ihm das Regenwasser als auslaugender, oxidierender oder reduzierender Chemiker zur Hand.

Zwar vermag der Wind selbst keinen Fels zu bearbeiten, aber er bedient sich schlagender, bohrender und schleifender Werkzeuge. Der Staub und der Sand sind es, die er mitführt und die in unglaublich geduldiger Kleinarbeit das härteste Gestein zernagen. Jedes gegen den Fels geschleuderte Sandkörnchen versucht, ein winziges Stäubchen Granit loszubrechen; nicht jedem gelingt es. Aber die Zeit ist ein mächtiger Verbündeter, und was nicht in Jahren geht, das schafft der Wind mit seinen Werkzeugen in Jahrzehntausenden.

Oft leisten andere Kräfte Vorarbeit, wie im steinernen Märchenreich von Trégastel-Plage in der nördlichen Bretagne, nahe des Meeres. Der Granit, der hier zutage tritt, war als Tiefengestein unter großer Hitze entstanden und wurde beim Abkühlen rissig. Ein Gitternetz haarfeiner vertikaler Spalten durchzog ihn, und zugleich zerlegten ihn waagerechte Ritze in mächtige Platten. Temperaturspannungen und der Eisdruck des einsickernden, gefrierenden Wassers erweiterten die Spältchen zu breiten Spalten. Die Arbeit des Windes konnte beginnen. Heute ist die ehemalige Granitebene ein kilometerlanger bizarrer Märchengarten mit skurrilen Urzeitwesen und verzauberten Gegenständen: Drachen, steinernen Hasen und Schildkröten, alten Schuhen, Totenköpfen. Der Phantasie des Besuchers sind keine Grenzen gesetzt (vgl. Abb. 73 bis 75).

Anders zernagt der Wind Sandstein. Hier kann er kleine Körnchen herausreißen. Löcher entstehen, in denen er sich fängt und die er weiter austieft, bis er schließlich Hunderte kleiner Zellen und Waben in den Stein gefressen hat (vgl. Abb. 76). In geschichteten Sedimenten läßt er die harten Rippen stehen und kerbt zwischen ihnen tiefe Fugen ein (vgl. Abb. 77 und 78).

Klammen, Schluchten, Cañons

Ganz anders als der Wind arbeitet das fließende Wasser. Es ist weit weniger verspielt. Der Wind greift in jeder Höhe an. Launisch kann er von einem Augenblick zum anderen seine Richtung und seine Stärke wechseln, und er kann von unten nach oben arbeiten. Das Wasser ist viel gleichmütiger in seiner zerstörenden Kraft, viel schwerkraftgebundener. Die Formen, die es schafft, sind strenger und weniger grotesk. In lockerem Gestein graben Bäche und Flüsse einfach weite V-förmige Täler. Sie fräsen sie tiefer und tiefer, und von den Talseiten stürzt und bröckelt Material nach, das der Fluß mit fortspült. Im fe-

61 Am Konkordiaplatz hat sich ein Gletschersee gebildet, auf dem richtige kleine Eisberge schwimmen.

62 Schmelzwasser, die zusammen mit Sand und Schutt in Spalten und Röhren senkrecht durch das oft viele hundert Meter mächtige Gletschereis herabschießen, strudeln tiefe Kessel in das Gestein. – Gletschertöpfe aus der Eiszeit bei Röysheim zwischen Böverdalen und Leirdalen in Südnorwegen.

63 Eisbruch am Marmoladagletscher: die stehengebliebenen Türme heißen Seraks.
64 Vor dem Zungenende des Marmoladagletschers hat sich eine mächtige Stirnmoräne angehäuft – am Fuß der steilen Firnfelder etwas links der Bildmitte und rechts im Bild sind ausgeprägte Querspalten entstanden, die den unbeweglichen Firn vom fließenden Eisstrom trennen. Das sind die Bergschründe.

sten Fels bleiben die Wände stehen. Je nach der Art des Gesteins, der Menge des fließenden Wassers und des Gefälles entstehen tosende Klammen, düstere Schluchten und enge Cañons oder liebliche, klippenumsäumte Flußläufe (vgl. Abb. 79 bis 87). Wohl zu den beeindrukkendsten Schluchten des Kontinents zählen der Trümmelbachfall im Lauterbrunnental, die Via Mala bei Chur, die Aareschluchten bei Meiringen, alle drei in der Schweiz, die 18 Kilometer lange Samariaschlucht auf Kreta, der Torrente de Pareis auf Mallorca, die Tarnschluchten im zentralen Südfrankreich und, allen voran, der Grand Cañon du Verdon in den Seealpen, etwa 80 Kilometer westlich von Nizza (vgl. Abb. 88 bis 90). Grand Cañon heißt die imposante Schlucht nach ihrem großen Bruder in den U.S.A., dem Colorado-Cañon in Arizona. In der Tat wirkt sie in allen Maßen wie eine verkleinerte europäische Ausgabe dieser weltberühmten Natursehenswürdigkeit. Als der große französische Geologe und Höhlenforscher E.A. Martel den Cañon du Verdon in den Jahren 1905 und 1906 zum ersten Mal in zwei abenteuerlichen Expeditionen zusammen mit seinem Geologenfreund Armand durchstieg, durchkletterte und mit dem Kanu bezwang, schwärmte der Gelehrte, der in seinem Leben doch schon unzählige Landschaftswunder gesehen hatte:

Europas Grand Cañon

»Wir sind am Boden eines wahrhaft abgründigen Schlundes, unsere ausgestreckten Arme berühren fast gleichzeitig beide Wände, die 400 Meter senkrecht in die Luft ragen. Hoch oben leuchten ihre ineinandergeschlungenen Gesimse. Hier unten, in dem Gefängnis tobenden und brüllenden Wassers, ist es fast Nacht. Welch furchterregendes, unbeschreibliches Schauspiel! Als Landschaft und als Unternehmen grenzt das an Zauberwerk!! Zwischen zwei Felsen eingekeilt wird die leere Osyood (das ist der Name des Kanus) fast vom Wasser entzweigeschlagen, aber ihr flexibles amerikanisches Holz zerbricht nicht. 300 Meter in zwei Stunden haben unsere schon müden Träger völlig erschöpft. Armand schlägt alle Beschwörungen in den Wind und lenkt sein Kanu in die wirbelnden Stromschnellen. Wie einen Pfeil reißt es ihn fort, wie durch ein Wunder schießt er unversehrt durch die Enge. Man verliert den Kopf inmitten all dessen, was gespannte Aufmerksamkeit fordert. Zwanzigmal muß man den Cañon durchqueren, um die Aussage wagen zu können, man hätte ihn gesehen.«

»Es gibt da«, schließt Martel einen seiner Berichte, »ein wahres Wunder ohnegleichen in Europa, wahrhaftig den amerikanischsten aller Cañons der Alten Welt; und ich habe meine Meinung nicht geändert, nachdem ich 1912 den Grand Cañon des Colorado gesehen habe.«

Der Tourist von heute hat es leichter als Martel. Der berühmte Geologe ließ einen Wanderpfad durch einen großen Teil der imposanten Schlucht anlegen: den »Sentier E.A. Martel« zwischen La Maline in der Nähe des Ortes La Palud und dem Point Sublime. In rund fünf Stunden läßt er sich bequem bewältigen, und für den Rückweg stehen heute Taxis zur Verfügung. Obwohl die schwierigen Stellen durch Eisenleitern und Felstunnels entschärft sind, ein ergreifendes Abenteuer ist der Grand Cañon du Verdon für den Besucher nach wie vor.

Fließendes Wasser gräbt Klammen und Schluchten in den Fels. Andere Verwitterungs- und Erosionsformen schafft der Regen, der nicht selten mit dem Wind Hand in Hand wirkt. Er arbeitet besonders dort, wo Gesteine verschiedener Härte übereinander liegen, die merkwürdigsten Gebilde aus dem gewachsenen Grund. Regen ist sehr reines, destilliertes Wasser – wenn er nicht gerade in einer Industriegegend fällt. Und der Lösungskraft von reinem Wasser hält auf die Dauer kaum ein einziges natürliches Material der Welt stand. Dazu kommt, daß sich im Regen Kohlendioxidgas aus der Luft (CO_2) löst. Damit werden die fallenden Tropfen chemisch noch aggressiver: Sie verwandeln festen Kalkstein in ein leichter lösliches Kalksalz, das sie dann mit sich fortspülen. Der Chemiker beschreibt das so:

$$\underset{\text{schwer löslicher Kalkstein}}{CaCO_3} + \underbrace{H_2O + CO_2}_{\text{Regenwasser}} \longrightarrow \underset{\text{leichter lösliches Calciumbikarbonat}}{Ca(HCO_3)_2}$$

Diese chemischen Kräfte des Regenwassers erweitern die natürlichen Risse und Spalten im Fels. Die mechanische Kraft des Wassers spült die aufgelösten Bestandteile und herausbröckelnde härtere Körner und Steinchen fort. Aus dem weggewitterten und forterodierten Material treten im Laufe der Zeit härtere und schwerer lösliche Felsge-

65 Der Blick vom Gipfel der 3516 Meter hohen Finailspitze auf die Hintere Schwärze (Bildmitte links, 3628 Meter) und die Marzellspitzen (Bildmitte rechts, 3555 Meter) in den Ötztaler Alpen zeigt die typische alpine Hochgebirgsvergletscherung.

66 Ganz anders als die alpinen Talgletscher sehen die mächtigen Inlandeisfelder Islands und Norwegens aus, Plateaugletscher, wie der Åmorbreen hoch über dem Oldedalen in Südnorwegen.

67 Auf dem Jostedalsbreen, dem größten Inlandeisfeld des Kontinents. Das Eis ist hier über 400 Meter dick.

68 Der »Högste Punkt« des Jostedalsbreen (1957 Meter) erscheint in natura als eine weit ausladende Kuppe mit fast ebener Oberfläche. Von hier dehnt sich das Rieseneisfeld etwa 40 Kilometer nach Nordosten und ebensoweit nach Südwesten.

bilde hervor. Jetzt kann auch der Wind sein gestaltendes Spiel beginnen.

Einen ganzen Garten bizarrer Felstürme und Burgen haben die zerstörerischen Kräfte des Wetters nordöstlich von Millau im zentralen Südfrankreich aus dem Dolomitgestein der Amats-Berge herausgemeißelt: das steinerne Chaos von *Montpellier-le-Vieux*. Märchen und Sagen ranken sich um diesen bizarren Ort. Montpellier-le-Vieux ist eine verwunschene Stadt mit Türmen und Toren, Brücken und Säulen. Riesenhafte Fabeltiere und verzauberte Gegenstände stehen zu Stein erstarrt im Kiefernwald, hoch über dem anmutigen Tal der Dourbie: die Sphinx, die Eule, eine Weinflasche, die ägyptische Säule, der Triumphbogen, das Tor der Myzenen (vgl. Abb. 91).

Pyramiden aus Erde

Wo auf weichem Gestein oder bröckelnden Sedimenten harte Felsbrocken oder feste Deckschichten liegen, finden Wind und Wasser besonders gute Voraussetzungen für phantasievolle Skulpturen vor. Das Prinzip ist das gleiche wie beim Gletschertisch (vgl. Abb. 57), bei dem Sonne und Regen das Eis rund um einen Felsblock wegschmolzen, während es unter der steinernen Tafel geschützt als Säule erhalten blieb. Ganz genauso stehen Erdpyramiden. Wohl die eindrucksvollsten Türme dieser Art stehen im Val d'Hérens, einem südlichen Seitental der Rhône, im Schweizer Wallis und bei Klobenstein und Oberbozen in Südtirol am Bergstock des Ritten, nördlich von Bozen (vgl. Abb. 92 und 93). An beiden Stellen bestehen die schlanken Türme aus verbackenem ehemaligem Gletscherschutt, den Eisströme vor zehn Jahrtausenden hier abgeladen haben. Auf den Spitzen der Pyramiden liegen zum Teil noch die schützenden Felsbrokken. Fallen sie herab, dann werden auch die Zinnen abgetragen. Aber weil die alten Moränen viele große Steine enthalten, bilden sich ständig neue Erdpyramiden. Die einzelnen Nadeln ragen bis zu 30 Meter in die Höhe.

Ähnliche aber weitaus mächtigere Türme stehen in der Nähe des südfranzösischen Örtchens Mée, das rund 120 Kilometer nordöstlich von Marseilles an der Durance liegt. Sie bestehen aus viel festerem Material, das aber grundsätzlich auch eine Mischung aus einzelnen Gesteinsbrocken und einem feinkörnigen »Zement« ist. Die »Puddingfelsen« von Mée ragen wie zyklopische Bollwerke rund hundert Meter in die Höhe (vgl. Abb. 94). Nicht ganz so schöne, aber durchaus sehenswerte Felstürme gleicher Art stehen auf dem Montserrat bei Barcelona. Auch die mächtigen Felsgebilde in der Landschaft von Meteora in Griechenland haben ähnlichen Ursprung.

Eine steinerne Stadt

Wohl die eindruckvollste europäische Erosionslandschaft – von Großformen wie den Alpen abgesehen – ist bis heute als Touristenattraktion kaum über lokale Grenzen hinaus bekannt geworden: die »Ciudad Encantada«, die verzauberte Stadt bei Cuenca, rund 150 Kilometer ostsüdöstlich von Madrid. Wohl kein zweites Mal in Europa läßt sich die Entstehung mächtiger steinerner Märchenfiguren Phase für Phase so bilderbuch-deutlich verfolgen wie hier. Zuerst war da eine mächtige, topfebene felsige Kalkhochfläche, in die das Wasser tiefe Klüfte hineinfraß (vgl. Abb. 95). Die tieferliegenden Schichten verwitterten rascher, denn sie sind weicher. Dadurch wurde die massive Decke unterspült, und riesenhafte Felsentische entstanden, getragen von mächtigen Säulen (vgl. Abb. 96). Die Säulen rückten immer weiter auseinander, und die Tischplatten verwandelten sich in imposante natürliche Brücken (vgl. Abb. 97 und 98), bis schließlich die Spannweite zwischen den Stützpfeilern zu groß wurde und die meisten Brücken einstürzten. Übrig blieben Felspilze in einem 20 Quadratkilometer großen Kiefernpark, fürwahr einer der faszinierendsten Zaubergärten der Natur (vgl. Abb. 99 bis 102).

Nicht immer sind die Bedingungen für das launisch-gestaltende Spiel der Erosion so einzigartig wie in der Cuidad Encantada, denn nur selten liegt säuberlich geschichtet weicherer Fels unter einer harten Oberfläche. Wo das nicht der Fall ist, aber der Boden ebenfalls aus Kalk oder Dolomit besteht, schafft das lösende und nagende Wasser andere Formen. Wie im steinernen Wundergarten von Cuenca entstehen zuerst tiefe senkrechte Spalten. Immer wieder fließt neues Regenwasser in diese feinen Klüfte, löst den Kalk auf und versickert durch die Poren im Fels, bis es sich schließlich irgendwo im Berginneren auf einer wasserundurchlässigen Schicht staut und seitlich weitersickert. Langsam weiten sich die Ritzen an der Felsoberfläche, und ein wirres Netz tiefer Fugen und Spalten kennzeichnet das Landschaftsbild.

69 Eine der kürzesten Eiszungen des Jostedalsbreen stürzt auf nur drei Kilometern Länge in ein 1500 Meter tiefes Tal und bildet dabei den mächtigsten Gletscherbruch Europas, den Briksdalsbreen.

70 Wo der Briksdalsbreen in den kleinen Eissee mündet, stürzen von Zeit zu Zeit unter gewaltigem Krachen viele Meter hohe Eistürme ins Wasser und treiben als kleine Eisberge davon. Der Gletscher »kalbt«...
71 ...In dem nur 300 Meter über dem Meeresspiegel liegenden Gewässer schmelzen die Eisschiffchen rasch ab, und die Sonne tut ein übriges dazu.

Der Karst

Das ist der *Karst*, und seine zerklüfteten Felspartien heißen *Karrenfelder*. Sie entstehen oft im Gebirge, dort wo häufige Niederschläge und Schmelzwässer die Verwitterung beschleunigen (vgl. Abb. 103 und 104). Die schönsten alpinen Karrenfelder sind naturgemäß in den Kalkalpen zu suchen, zum Beispiel im »Steinernen Meer« südlich des Königssees bei Berchtesgaden, auf den Hochflächen der Sella, der Pala und der Brenta in den Dolomiten oder in den Märenbergen in der Schweiz. Eine der ausgeprägtesten europäischen Karstlandschaften ist der *Burren* in Westirland, südlich von Galway. Die wüstenartigen Karstberge dieser Region strahlen einen herben, geradezu unirdischen Reiz aus.

Haben sich die Kalkschichten, die ja einst als Sedimente auf dem Meeresboden entstanden, bei der Gebirgsbildung senkrecht gestellt, dann laugt das Regenwasser besonders auffällige Karrengebilde aus ihnen heraus: die *Spitzkarren*, aufrecht stehende kannelierte Felsplatten mit einem messerscharfen Grat. In der Schweiz finden sich diese sonderbaren Karstgebilde hoch oben in der Blüembergkette. Die wohl schönsten und ausgeprägtesten Spitzkarren Europas bietet Mallorca. Dort säumen sie das Sträßchen nach La Calobra, und dort häufen sie sich hoch in den Bergen in der Nähe des Klosters Lluch (vgl. Abb. 105 und 106).

Angesichts der abtragenden Kräfte des Windes, des Wassers und des Eises mag sich vielleicht die Frage stellen: Wie lange dauert es, bis ein Gebirge zur Ebene wird oder bis schließlich alles Festland der Welt in das Meer gespült sein wird? – Gewiß Hunderte von Jahrmillionen. Aber die Erde ist alt, und Geologen schätzen, daß die Erosion sämtliche Landmassen unseres Planeten bis jetzt mindestens fünfmal komplett in die Ozeane geschwemmt hat, aus denen sie sich jedesmal durch neue Gebirgsbildung wieder hervorhoben. Diese Vorgänge haben sich niemals auf der ganzen Welt zugleich abgespielt. Es war ein ständiger Wechsel aus Werden und Vergehen. Und dieses Wechselspiel dauert fort und wird fortdauern, solange die Erde besteht. Sein Ausdruck sind die bizarren Felsformationen, die aufragen wie Türme und Mauern, wie Ruinen uralter Burgen.

»Unter der Erde hat das Märchen noch ein Reich«

(Carmen Sylva)

Eine Höhlenlegende

In Südwestfrankreich, am Ostrand des Périgord, dehnt sich die trokkene Kalkhochfläche der Causse de Gramat. Einst, in längst vergangenen Zeiten, als noch Heilige auf der Erde wandelten, ritt Sankt Martin auf seinem Maultier über die windige Ebene dahin. Er war wieder einmal ausgezogen, um Seelen zu suchen, die er vor der ewigen Verdammnis bewahren wollte. Aber an diesem Tage hatte er keinen Erfolg. Es war wie verhext. Er fand nicht eine einzige. Der Nachmittag war schon weit vorgerückt, doch die Sonne stand noch hoch am Himmel, und über dem karstigen Boden flimmerte die Hitze. Sankt Martin begann, auf seinem Grauen einzunicken. Mit einemmal aber rüttelte das Tier ihn wach. Ruckartig blieb das sonst so sanfte Geschöpf stehen, schlug aus und stampfte mit seinen Hufen den kargen Boden. Der heilige Mann hob erschrocken den Kopf. »Wohin des Weges, Sankt Martin«, fragte ihn eine düstere Gestalt, die unvermittelt vor ihm stand, »wieder unterwegs, um Seelen zu fangen? – Schau, ich habe einen ganzen Sack voll.«

Kein anderer als der Leibhaftige war es, der so sprach. Und in der Tat hatte er einen Sack voll kläglich winselnder Seelen über den Rük-

72 Temperaturspannungen und Winderosion haben aus dem roten Granitfels der »Calanques« bei Porto, hoch über der Westküste Korsikas, bizarre Gebilde geschaffen.

73 Einen Zaubergarten aus Granit gestaltete der Wind bei Trégastel-Plage an der Nordküste der Bretagne...
74 ...der Phantasie sind keine Grenzen gesetzt: Auf zerklüftetem Gemäuer steht ein alter ausgetretener Schuh,...

ken geschlagen. Sankt Martin bat den Satan, ihm den Sack zu verkaufen. Doch der Teufel schlug einen anderen Handel vor: »Da du ein Heiliger sein willst«, so sprach er, »zeige, daß deine Wunder größer sind, als die meinen. Ich werde dir ein Hindernis in den Weg stellen, und wenn du mit deinem Maultier darüber springen kannst, sollst du die Seelen haben.« Sankt Martin willigte ein. Sogleich stampfte Satanas mächtig auf den Boden, der sich auf der Stelle öffnete. Ein gewaltiger Schlund tat sich vor dem Heiligen auf. Doch der verzagte nicht. Er redete seinem Grauen gut zu, und der tat einen Satz, so mächtig, wie selbst der Teufel es nicht gekonnt hätte. Außer sich vor Wut warf Satan den großen Seelensack Sankt Martin vor die Füße und fuhr durch den selbst geschaffenen gähnenden Abgrund zurück in die Hölle.

Frohgemut setzte Sankt Martin seinen Weg fort. Das mächtige Loch in der Erde aber kann man noch bis auf den heutigen Tag sehen.

Und in unserer Zeit besichtigen es im Ferienmonat August bis zu 6000 Touristen pro Tag, wodurch Satanas der Höhlenverwaltung zu einem einträglichen Geschäft verholfen hat, könnte man die Legende fortsetzen.

Sehenswert ist der *Gouffre de Padirac*, denn um diesen handelt es sich, in der Tat: Das senkrechte Teufelsloch hat einen Durchmesser von mehr als 30 Metern und ist 100 Meter tief! Doch nicht genug damit: Vom Fuß des gewaltigen Schachts führt ein langer dunkler Gang fast eben weit in den Berg hinein. Wer ihn verfolgt, gelangt bald an einen breiten, träge dahinströmenden unterirdischen Fluß, der den Gang von Wand zu Wand ausfüllt. Nur ein Boot hilft hier weiter. Mehr als einen halben Kilometer gleitet es tiefer und tiefer in den Berg hinein. Dann läßt sich der Gang wieder trockenen Fußes weiterverfolgen. Säle und Hallen tun sich auf, erfüllt mit prächtig glitzernden Säulen aus buntem Sintergestein. Schließlich gelangt der staunende Besucher dieser unterirdischen Märchenwelt in einen mächtigen Dom, von dessen Wänden milchig weiße, gelbliche und braunrote versteinerte Kaskaden herabwallen. Inmitten der 97 Meter hohen Riesenhalle baut sich ein kleiner Berg wie eine Kanzel auf, und an seiner höchsten Stelle schimmert das klare Wasser eines Seeleins. Nach dem Dom führen dunkle Gänge noch rund acht Kilometer weiter in den Berg hinein. Aber sie lassen sich nur äußerst mühsam erreichen und sind bisher zum größten Teil unerforscht.

Der Gouffre de Padirac ist ein touristischer Magnet ersten Ranges. Der seit Jahrzehntausenden weltferne, einsame Ort, in dem ständig totale Nacht herrschte und in dem es kein anderes Geräusch gab als das Glucksen und Gurgeln des Höhlenbachs und das monotone Tropfen des Wassers, ist zum Rummelplatz geworden. Vier Aufzüge fahren in den Schacht hinab, und an der Anlegestelle der zwölfsitzigen Boote tun 45 Fährmänner Dienst. Den 97 Meter hohen Dom leuchten Lampen mit 65 Kilowatt Gesamtleistung aus. Unterirdische Toiletten, deren übel riechende Produkte sich unmittelbar in jenen Fluß ergießen, auf dem die Touristen Boot fahren, verleiden dem Besucher die Freude an der Kahnpartie. Dafür entschädigt den weniger auf das Höhlenabenteuer erpichten Zeitgenossen ein modernes Grottenrestaurant mit Tiefblick.

Schönheit und Tragik des zeitgemäßen Höhlentourismus ließe sich die traurige Geschichte von Padirac überschreiben. Und sie steht in Europa durchaus nicht allein da. Ein geradezu gräßliches Menschengewühl staut sich ständig am Bahnsteig der Höhlenbahn, die in die Grotte von Postojna (Nordjugoslawien) einfährt, und an der Liftstation zur Eisriesenwelt bei Werfen im Salzburger Land sieht es selten anders aus.

Gott sei Dank ist die Zahl der für den Fremdenverkehr erschlossenen europäischen Höhlen mit mehr als einem halben Tausend aber so groß, daß keineswegs überall so ein unangenehmer Andrang herrscht. Es müssen ja nicht immer gleich Riesenhöhlen sein. Oft sind gerade die kleineren von bezaubernder Schönheit und einzigartigem Reiz. Und wem auch sie nicht einsam genug sind, dem stehen einige Hunderttausend unerschlossener Höhlen in Europa offen, von denen wiederum ein großer Teil noch nicht einmal erforscht ist. Ein rundes Dutzend nationaler Höhlen- und Karstvereine* geben dem Abenteurer in der unterirdischen Wunderwelt Schützenhilfe.

Wie Höhlen entstehen

Wie entstehen Höhlen? – Die Beschreibung des Gouffre de Padirac kann, vom Teufel einmal abgesehen, den Eindruck erwecken, daß

* in Deutschland: Verein für Höhlenkunde in München e.V., Blutenburgstr. 91, 8000 München 19; und Verband der Deutschen Höhlen- und Karstforschung e.V., Eschenweg 3, 7440 Nürtingen

75 ...und auch ein gigantischer Totenschädel fehlt nicht.
76 In der Nähe des alten Turms von Calafuria bei Castiglioncello südlich von Livorno steht an der Steilküste der Sandsteinfels Sassoscritto. Sein Name bedeutet »beschrifteter Stein«, weil die merkwürdige Winderosion aussieht, wie eine rätselhafte Runeninschrift aus grauer Vorzeit.

77 Winderosion bei Saltstraumen am Südostende des Sörfolda-Fjords in Nordnorwegen. Stürme haben die härteren Lagen des Schichtgesteins frei-perariert.

sich hier Wasser von oben nach unten in den Boden gefressen und im Laufe der Zeit die mächtige Röhre in den Fels gewaschen hat.

Erst die moderne Speläologie, die wissenschaftliche Höhlenforschung, die gegen Ende des vergangenen Jahrhunderts der französische Gelehrte E. A. Martel begründete, bewies, daß es nicht so war. Vor Martell hatte sich rund anderthalb Jahrtausende lang kaum jemand mit Höhlen beschäftigt. Wer in der Nähe eines solchen dunklen Loches wohnte, mied es im allgemeinen, wie er konnte. Zu dieser Furcht vor dem Unterirdischen hatte das christliche Mittelalter mit seiner Höllenlehre entscheidend beigetragen. Noch heute zeugen davon Höhlennamen wie: Höllgrotten, Hölloch, Teufelshöhle, Gouffre de l'Enfer (Schlupfloch des Infernos).

Die weitaus meisten europäischen Höhlen sind Karsthöhlen, die sich keineswegs von außen nach innen in den Fels hinein entwickelt haben. Sie sind tief im Innern der Berge entstanden und haben von dort erst allmählich den Weg nach außen gefunden. Die erste Voraussetzung für die Bildung unterirdischer Hohlräume ist wasserlösliches rissiges Gestein wie Kalk oder Dolomit, seltener auch Gips. Die Risse können von Hebungsvorgängen bei der Gebirgsbildung herrühren oder durch Temperaturspannungen entstanden sein. Kohlendioxidhaltiges Regenwasser sickert in die feinen Spalten ein und löst das Gestein, also zum Beispiel den Kalk, auf. Dabei entstehen oft Karrenfelder, von denen schon die Rede war (vgl. Abb. 103 bis 106). Je mehr Kohlendioxid (CO_2) das Wasser enthält, desto mehr Kalk (oder Dolomit) kann es lösen. Der CO_2-Gehalt normaler Frischluft liegt bei 0,03 Prozent. Wasser, das aus solcher Luft CO_2 aufgenommen hat, kann pro Liter 80 Tausendstel Gramm Kalk lösen. In Bodennähe ist die Luft aber viel stärker mit CO_2 angereichert, einerseits weil das CO_2-Gas schwerer ist als die übrigen Bestandteile der Luft, andererseits weil sich zersetzende, Humus bildende organische Substanzen CO_2 abgeben. Regenwasser nimmt also am Erdboden zusätzlich CO_2 auf und kann dann pro Liter 200 bis 400 Milligramm Kalk lösen.

Wie das chemisch vor sich geht, beschreibt die schon auf Seite 99 erwähnte Formel. Allerdings verbraucht sich das im Regenwasser enthaltene CO_2 niemals ganz. Es bleibt immer ein gewisser Überschuß zurück, der nicht mit dem Kalkstein reagiert. Kann das Wasser keinen weiteren Kalk mehr auflösen, dann ist die Lösung gesättigt, und der Gehalt an überschüssigem CO_2 und gelöstem Kalk stehen im Gleichgewicht miteinander. Gibt das Wasser später aus irgendeinem Grund CO_2 ab, dann fällt zugleich auch wieder Kalk aus der Lösung aus. Deshalb muß die Gleichung von Seite 99 richtiger mit zwei Pfeilen geschrieben werden, statt mit einem, denn sie läßt sich ja in beiden Richtungen lesen:

$$\underbrace{CaCO_3}_{\text{Calciumkarbonat (Kalk)}} + \underbrace{H_2O + CO_2}_{\text{Regenwasser}} \rightleftarrows \underbrace{Ca(HCO_3)_2}_{\text{lösliches Calcium-hydrogenkarbonat}}$$

Wenn das Regenwasser durch Ritzen in den felsigen Untergrund eindringt, wird es sich also je nach der Sickergeschwindigkeit mehr oder weniger rasch mit gelöstem Kalk sättigen. Anschließend kann es keinen Fels mehr angreifen, keine Spalten mehr erweitern. Es kann lediglich durch vorhandene Ritzen weiter in den Berg hineinwandern. Auch durch mechanische Erosion vermag es dort nichts auszurichten, denn dazu ist die Eindringgeschwindigkeit viel zu gering. Sickerwasser erweitert keine Risse im Gestein, es verstopft sie höchstens durch mitgeführten Lehm.

Soweit die Theorie, um die sich die Praxis allerdings wenig zu kümmern scheint; denn die Erfahrung zeigt, daß Sickerwasser eben doch Hohlräume im Felsinneren auslaugt... und nicht gerade allzukleine! – Wie ist das möglich? Wie kann gesättigte Lösung noch weiteren Kalk aufnehmen? Über dieses Problem haben sich die Wissenschaftler lange die Köpfe zerbrochen. Erst 1963 fand der Schweizer Professor Dr. A. Bögli die Lösung:

Während durch feine Haarrisse stark CO_2-haltiges Wasser, das in Bodennähe viel Kalk gelöst hat, nur langsam in den Fels eindringt, fließt nach heftigen Regenfällen durch etwas breitere Fugen Wasser in den Boden, das mit weit weniger Kalk beladen ist. Einmal hatte es ja auf seinem raschen Weg keine Zeit zur vollständigen Sättigung, vor allem aber enthielt es von Anfang an weniger CO_2 als das bodennahe Wasser und konnte deshalb viel weniger Kalk auflösen. Tief im Felsinnern treffen beide Wasser aufeinander und mischen sich. Dabei, so hat Professor Bögli in einer ausführlichen wissenschaftlichen Arbeit nachgewiesen, wird mehr CO_2 im Wasser frei, als dem Gleichgewicht

78 Bei »El Golfo«, an der Westküste der Kanareninsel Lanzarote, steht ein vom Wind eindrucksvoll geformter Block aus Sedimentgestein. Die untere Partie des Felsens hat das Meer ausgewaschen.

79 Der Trümmelbach sammelt als einziger Abfluß sämtliche Schmelzwässer der Gletscher in den Nordwestflanken des Eiger-Mönch-Jungfrau-Massivs. Seine tosenden Wassermassen haben eine der eindrucksvollsten Klammen in ganz Europa in den Fels gefräst.

80 Das südfranzösische Flüßchen Tarn hat sich tief in die Kalkhochflächen der Causses eingeschnitten. Die abgebildete Felspassage liegt westlich des Örtchens La Malène.

mit dem Gehalt an gelöstem Kalk im Mischwasser entspricht. Die Wassermischung ist deshalb plötzlich wieder in der Lage, Fels aufzulösen. Bögli nennt diesen Vorgang *Mischkorrosion*.

Weil die gründliche Durchmischung zweier Sickerwasserläufe einige Zeit in Anspruch nimmt, und weil es weitere Zeit braucht, bis das Mischwasser von neuem mit gelöstem Kalk gesättigt ist, schafft die Mischungskorrosion unter der Erde lange, röhrenförmige Hohlräume, meist mit ausgesprochen elliptischem oder linsenförmigem Querschnitt (vgl. Abb. 117). Bald werden diese Kanäle so weit, daß sie sich nur noch bei starkem Regen ganz mit Wasser füllen, und schließlich genügen auch Wolkenbrüche nicht mehr, die unterirdischen Gänge vollkommen unter Wasser zu setzen. Reißende Bäche und Flüsse entstehen tief im Innern des Felsens. Jetzt beginnt auch die Erosion ihr zerstörerisches Werk: Der Wasserlauf nagt den Boden des Ganges aus und gräbt sich nach und nach in eine enge Schlucht ein. Ist der Untergrund sehr hart, dann wirkt die abtragende Kraft in die Breite und läßt niedrige aber weite Passagen mit einer flachen Decke entstehen. Gelegentlich finden sich Gänge von 20 Metern Breite und mehr.

Wird die Spannbreite aber zu groß, dann lösen sich von der Höhlendecke hier und dort Felsbrocken oder ganze Platten, die der Höhlenfluß wiederum nach und nach abträgt. Im Laufe der Zeit wird der Raum immer höher und bildet schließlich einen mächtigen Dom. Das ist das Reifealter der Höhle. Meistens ist die Decke solcher Dome, die manchmal über hundert Meter hoch sind, gewölbt und deshalb stabil. Ist sie es nicht, dann stürzte so lange Material nach, bis der Schacht die Erdoberfläche erreicht hat. So entstand auch der Gouffre de Padirac. Das französische Wort Gouffre bedeutet nichts anderes als Abgrund oder Schlund und hat sich als Bezeichnung für derartige Schächte in der Höhlenforschung eingebürgert (vgl. Abb. 118).

Riesenhöhlen

Die tiefste bekannte Schachthöhle Europas, der Gouffre Berger im französischen Vercors, reicht 1141 Meter hinab. Ihm folgen 15 weitere Schlünde mit mehr als 700 Metern Tiefe in Frankreich, in Italien, Österreich und der Schweiz.

Doch nicht nur die vertikalen Höhlendimensionen erreichen Rekordzahlen. Nicht weniger beeindruckend sind gewaltige Hohlräume wie der »Gang der Titanen« in der nicht für den Tourismus erschlossenen Eiskogelhöhle im Tennengebirge bei Salzburg. Mit 20 Metern Höhe, 30 Metern Breite und 500 Metern Länge gehört er zu den größten Höhlensälen der Welt. Beeindruckende für den Fremdenverkehr zugängliche Riesenräume gibt es unter anderem in der Höhle von St.-Léonard in der Nähe von Sion im Wallis, die ein 230 Meter langer, 15 Meter breiter unterirdischer See erfüllt (vgl. Abb. 141) und im Aven Armand bei Meyrueis im französischen Département Lozère, dessen größte Halle 40 Meter hoch, 100 Meter lang und 50 Meter breit ist.

Jede Konkurrenz schlagen die Längen mancher Höhlensysteme. So haben Speläologen im Hölloch im Muotatal bei Schwyz in der Schweiz bis jetzt 129,5 Kilometer Gänge vermessen. Das zweitlängste Gangsystem Europas, die Eisriesenwelt im Tennengebirge bei Salzburg, umfaßt 42 Kilometer. Ihm folgt die Tantalhöhle im Hagengebirge, ebenfalls bei Salzburg, mit 30,2 Kilometern Ganglänge. Wer derart immense unterirdische Welten erforschen will, muß sich auf schwierige tage- und wochenlange Kletterexpeditionen gefaßt machen. Aber Gangsysteme solcher Ausmaße sind nicht die Regel. Immerhin klassifizieren die Höhlenvereine über fünf Kilometer lange Höhlen als Riesen- und über 500 Meter lange bereits als Großhöhlen.

Löcher wie Bombentrichter

Nicht immer brechen mächtige Dome mit senkrechten Wänden zur Erdoberfläche durch und bilden dramatische Schächte. Manchmal sind es auch weite Hallen, deren Decken einbrechen, oder unzählige kleine senkrechte Röhrchen, die sich mit der Zeit zu einem einzigen großen Loch im Boden vereinen. So entstehen *Dolinen*, tiefe Trichter, die gelegentlich gewaltige Ausmaße erreichen. »Dolina« ist das slowenische Wort für »Tal«, und in der Tat sind Dolinen im jugoslawischen Karst besonders häufig. In Westeuropa finden sie sich besonders in den Karsteinöden der Causses westlich der Cevennen in Südfrankreich. Sehr große Dolinen, Polje genannt, kennzeichnen das Landschaftsbild des italienischen Stiefelabsatzes Apulien. Sie, die der Italiener »puli« nennt, gaben der Provinz ihren Namen (vgl. Abb. 109). Einzigartig in ganz Europa ist das Dolinengebiet der »Torcas« bei Cuenca, nicht weit entfernt von der »Ciudad Encantada«, von der schon auf Seite 103 die Rede war. Auf relativ kleinem Gelände ist der Boden wie von Atombombentrichtern durchpflügt. 28 mächtige,

81 Viele Täler des Schweizer und Französischen Jura, aber auch der Schwäbischen und Fränkischen Alb sind von Kalkfelsen wie von Riffen alten Meeres eingefaßt. Besonders malerisch sind die Doubs-Schluchten, halbweg zwischen Belford und Bern. Das Flüßchen bildet hier die schweizerisch-französische Grenze.

82

83

84

85

82 Die Aareschlucht zwischen Meiringen und Innertkirchen.
83 Die Gletscherschlucht bei Grindelwald.
84 Die Partnachklamm bei Garmisch-Partenkirchen.
85 Mit 18 Kilometern Länge ist die Samaria-Schlucht auf Kreta der zweitlängste Cañon Europas.

steilwandige Krater von 50 bis 600 Metern Durchmesser und 10 bis 80 Metern Tiefe, alle in herrlicher Kiefernlandschaft eingebettet, beeindrucken den Besucher (vgl. Abb. 110).

Manchmal steht Wasser in den abflußlosen Karsthohlformen, wie im Œil Doux bei Narbonne Plage (vgl. Abb. 111). Dann hat sich der Boden gesenkt und ist unter den *phreatischen Raum* abgetaucht. Mit diesem Fachausdruck beschreiben die Speläologen die tieferen, stets unter Wasser stehenden Zonen der Höhle. Sie hüten sich ganz bewußt vor dem Wort Grundwasser, denn einen Grundwasserspiegel gibt es im Karst nicht.

Bei starkem Regen kann das Wasser in den Gängen, Hallen und Schächten binnen weniger Stunden um 50, 100 oder 200 Meter steigen. Fast ebenso schnell sinkt es danach wieder ab.

Quellen im Karst

Wo die unterirdischen Wassermassen hinströmen, das zeigt sich am eindrucksvollsten im Französischen Jura. Hier gibt es die *Resurgences*, Quellen, die mit dem Wasseraufgebot ausgewachsener Flüsse ans Tageslicht treten. Besonders berühmt sind die Lison-Quelle (vgl. Abb. 113) und die in unmittelbarer Nähe gelegene Grotte Sarrazine mit ihrem gewaltigen 90 Meter hohen Quelltor (vgl. Abb. 112), sowie die Loue-Quelle (vgl. Abb. 114), alle drei westlich von Pontarlier. Kleinere Resurgences gibt es in Kalkgebieten allenthalben (vgl. Abb. 115). Verläßt das kalkhaltige Wasser das Erdinnere, dann entweicht CO_2-Gas. Das Lösungsgleichgewicht ist damit gestört, und es muß auch etwas von dem mitgeführten gelösten Kalk ausfallen. Deshalb bilden sich an ausfließenden Höhlenbächen manchmal Sinterleisten (vgl. Abb. 116).

Gelegentlich steigt das Wasser auch in Quelltöpfen senkrecht auf, wie im Blautopf bei Blaubeuren, wo Wassermassen zutage treten, die hoch oben in der Schwäbischen Alb versickert sind. Der Topf liefert je nach Niederschlagsmenge oder Schneeschmelze 350 bis 25 000 Liter Wasser in der Sekunde (vgl. Abb. 107).

Die Tatsache, daß im Blautopf Wasser von unten nach oben strömt, ist bezeichnend für alle unterirdischen Wasserläufe. Sie fließen nicht wie auf der Erdoberfläche immer in Richtung des größten Gefälles. Sie steigen nach dem Prinzip der kommunizierenden Röhren oft senkrecht auf, stürzen über einen Abbruch wieder jäh hinab, um sich unten aufzustauen und danach entlang einer wasserundurchlässigen Schicht durch einen langen Gang erneut schräg nach oben zu fließen. Unter der Erde herrscht das Prinzip des Druckfließens. Das Wasser bildet Siphons von oft gewaltiger Tiefe und Länge oder schießt mit elementarer Gewalt durch enge Felsdüsen.

Dabei erreicht es Strömungsgeschwindigkeiten, die beim offenen Dahinfließen auf der Erde niemals vorkommen können. All das macht Entdeckungsfahrten in unerforschten Höhlen so aufregend und zugleich gefährlich. Plötzliche Hochwasser können den Speläologen innerhalb weniger Minuten für Tage von der Außenwelt abschneiden. Und Tauchstrecken durch unbekannte Siphons bleiben wenigen erfahrenen Experten vorbehalten.

Mit fortschreitender Erosion oder wenn der phreatische Raum aus irgendeinem Grund absinkt, arbeiten sich die Wasserläufe immer tiefer in den Berg hinein. Die einst »aktiven«, das heißt die einst wasserdurchströmten Höhlen trocknen aus. Dieser Altersphase folgt oft das *Greisenalter* der Höhle: Sie stürzt ein oder *verbricht*, wie der Fachmann sagt (vgl. Abb. 139).

Vom Werden der Tropfsteine

Regenwasser und Schmelzwasser waren es, die zunächst durch chemische Auslaugung (sie heißt auch *Korrosion*) und später durch *Erosion* die Höhle schufen. Was aber geschieht, wenn sehr kalkhaltiges Wasser durch die ursprünglichen Haarrisse im Fels in einen schon bestehenden Hohlraum gelangt? Oft ist es ja mit mehr gelöstem Kalk beladen, als der CO_2-Konzentration gewöhnlicher atmosphärischer Luft entspricht. In die Höhle aber ist durch Spalten und Ritzen, vielleicht sogar durch einen inzwischen aufgebrochenen Ausgang, solche atmosphärische Frischluft eingedrungen. Das Wasser gibt also CO_2 ab und kann deshalb auch nicht mehr allen Kalk in Lösung behalten. Es scheidet winzigkleine Kalkkristalle aus. Dabei ist es wesentlich, wo das Sickerwasser die Höhle erreicht. Angenommen, es kommt an der Decke an. Dann bleibt es zunächst als kleiner Tropfen hängen, um den herum sich ein unsichtbar winziger Kalkrand absetzt. Mehr Wasser dringt nach, und der Tropfen fällt zu Boden. Auch dort scheidet er noch ein wenig Kalk aus. Inzwischen bildet sich an der Decke ein zweiter Tropfen, genau innerhalb des vorhandenen Kalkrings. Bevor er ebenfalls abfällt, verstärkt er den Ring um ein weniges. Und

86 Einen mächtigen Cañon hat der Torrente de Pareis durch die Kalkgebirge im Norden Mallorcas gesägt. Nirgends ist die vier Kilometer lange Schlucht breiter als etwa 35 Meter. Vierhundert Meter hohe Felsmauern rahmen sie ein. Im Sommer führt der Bergbach meist kein Wasser, die weglose Schlucht läßt sich dann durchsteigen.

87 Ein unvergeßliches Erlebnis besonders für Kanuten sind die Schluchten der aus den Cevennen zur Rhône fließenden Ardeche. Bei Vallon-Pont-d'Arc hat das Flüßchen die berühmte Bogenbrücke durch den Fels genagt.

wie steter Tropfen den Stein höhlt, so baut hier steter Tropfen den Stein auf. Langsam entsteht an der Decke ein hauchfeines Calcitröhrchen, dem vom Boden her eine Kalksäule oder ein mächtiger Kalkberg entgegenwächst (vgl. Abb. 119). Die feinen Deckenröhrchen werden manchmal mehrere Meter lang. Sie sind äußerst zerbrechlich, denn die etwa vier Millimeter starken glasspröden Gebilde sind innen hohl, und ihre Wände messen gerade ein bis zwei Millimeter (vgl. Abb. 132). Wenn sich der zentrale Kanal dieser sogenannten »*Makkaroni*« verstopft oder wenn seitlich an den Röhrchen Wasser herabfließt, dann scheidet sich auch außen Kalk ab und sie werden dicker; meist von der Wurzel her, manchmal aber auch erst weiter unten (vgl. Abb. 122 und 132). Endlich bilden sich ganze Wälder massiver Deckenzapfen oder *Stalaktiten* (vgl. Abb. 123).

Wenn das Wasser nicht frei von der Höhlendecke abtropfen kann, sondern an einer Wand herunterrinnt, bildet sich längs seines Laufs eine Sinterleiste, an der die Tropfen herabrinnen. Neigt sich die Wand nach unten zur Höhlenmitte hin, dann kann das Wasser natürlich nicht auf dem Grat der Leiste fließen. Es sucht sich einen neuen Weg unmittelbar daneben. Dadurch wird die Wandversinterung immer breiter und breiter und bildet schließlich einen Wulst oder eine mächtige steinerne Kaskade (vgl. Abb. 121). Hängt die Wand jedoch über, dann hält die Schwerkraft das herabrinnende Wasser immer genau auf dem Rücken der Sinterleiste, denn das ist ja die tiefstmögliche Abflußstelle. Die Leisten an überhängenden Wänden wachsen deshalb nicht in die Breite, sondern bilden im Laufe der Zeit prächtige Sintervorhänge (vgl. Abb 130). Manche sind so dünn, daß sie im Gegenlicht der Höhlenlampe in leuchtenden Farben durchscheinen (vgl. Abb. 134).

Wo Wasser über einen Vorsprung abtropft, entstehen steinerne Kaskaden (vgl. Abb. 120), aus denen mit der Zeit lange gefaltete Zungen herabwachsen, die in pittoresken Draperien auslaufen können (vgl. Abb. 129).

Der Gestaltenreichtum des von der Höhlendecke und von den Wänden herabwachsenden Sinters ist beinahe unerschöpflich, denn die gerade beschriebenen Grundformen erscheinen oft auf die mannigfachste Weise miteinander kombiniert. Zugleich wechseln die Farben des Sinters vom reinsten Weiß über Gelb und Braun bis zum matten Blaugrau oder leuchtenden Rot, je nachdem, welche Mineralien das Wasser außer dem Kalk auf seinem Weg durch das Gestein gelöst hat. So kann sich über einem Wandvorsprung ein brauner, eisenoxidhaltiger Baldachin bilden, während aus seiner Unterseite unzählige fast reinweiße Zapfen hervorwachsen und unmittelbar über dem bizarren Gebilde taubengrauer Wandsinter die Gegenwart von Silbererzen verrät (vgl. Abb. 119).

Vom Boden her wachsen den hängenden Tropfsteinen, den *Stalaktiten*, die *Stalagmiten* entgegen. Sie sind viel dicker als die Deckenzapfen, denn das abtropfende Wasser sammelt sich hier ja nicht an der Spitze, sondern fließt seitlich am wachsenden Tropfstein herab und lädt dort seinen Kalk ab. Auf diese Weise entstehen dicke Tropfsteinkerzen, die sich in Jahrtausenden und Jahrzehntausenden zu mächtigen Sinterburgen auswachsen können, wenn von der Decke Wasser an mehreren dicht nebeneinander liegenden Stellen abtropft (vgl. Abb. 117 und 118). Die einfachste Form der Stalagmiten, die zylindrische Säule, bildet sich, wenn über lange Zeiträume an nur einer einzigen Stelle immer etwa gleichviel Wasser herabtropft. Läßt die Wasserergiebigkeit nach, etwa weil eingeschwemmter Lehm die zuführende Spalte verengt hat oder weil das Klima trockener geworden ist, dann entstehen Kerzen, die oben immer schlanker werden und oft in einer eleganten Spitze auslaufen.

Nimmt die Tropfhäufigkeit zu, dann verdicken sich die Säulen an ihrem oberen Ende. Es bilden sich regelrechte Keulen. Bei wechselndem Wasserangebot schließlich entstehen besonders reizvolle baumkuchenartige Gebilde (vgl. Abb. 139).

Vielfältige Welt des Sinters

Sehr selten sind die »Palmstamm-Stalagmiten«, die aussehen, als wären sie aus einer Fülle versteinerter Blätter zusammengesetzt. Sie finden sich nur am Boden großer unterirdischer Dome, wie etwa in der über 30 Meter hohen Halle des Aven Armand, einer insgesamt 210 Meter tiefen Schachthöhle nordöstlich von Millau im zentralen Südfrankreich (vgl. Abb. 138). Hier treffen die von der Decke aus großer Höhe herabfallenden Tropfen mit solcher Wucht auf die Spitze der aufstrebenden Stalagmiten auf, daß sie sofort zerprallen und fächerförmig nach allen Seiten wegspritzen. Entsprechend bizarr sehen die heranwachsenden Sintersäulen aus.

88 Der 21 Kilometer lange Grand Cañon du Verdon in den französischen Seealpen ist die bedeutendste Schlucht Europas. Für Wildwasserfahrer eignet sie sich nicht; aber auf 16 Kilometer Länge ist sie durch einen Wanderpfad erschlossen.

89 Wie sein großer Bruder, der Colorado in Arizona, hat auch der Verdon erst ein flaches Tal geschliffen, bevor er in dessen Grund eine tiefe Schlucht einkerbte.

90 Oft hängt der Fels im Grand Cañon du Verdon über. Die Schlucht ist dann an ihrem Grunde breiter als in einigen hundert Metern Höhe.

Manchmal bilden sich aber in sehr hohen Domen ganz andere Stalagmitenformen; dann nämlich, wenn die aufstrebenden Tropfsteine sich verbreitern und auf ihren Ästen noch neue Stalagmiten heranwachsen, wie in der Grotte des Demoiselles, die nur etwa 60 Kilometer südöstlich des Aven Armand liegt (vgl. Abb. 137).

Wächst eine Tropfsteinkeule durch steigendes Wasserangebot oben immer mehr und mehr in die Breite, dann bildet sich schließlich eine Art Tisch, von dessen Kanten später Tropfsteinfalten wie eine Decke herunterhängen können (vgl. Abb. 131).

All die bis jetzt beschriebenen mannigfaltigen Formen des sich absetzenden Kalksinters kommen allein durch die Schwerkraft zustande, die auf den hängenden, den fallenden oder herabrinnenden Wassertropfen wirkt. Damit erschöpft sich der unterirdische Gestaltenreichtum aber noch keineswegs. Auch unter Wasser, zum Beispiel in einem Höhlensee, kann sich Kalk ausscheiden. Dort wirkt sich die Schwerkraft nicht aus, denn die einzelnen »Tropfen« eines stehenden Gewässers fallen ja nicht nach unten. Deshalb bereichern Sintergebilde, die im Wasser entstehen, den Formenschatz der unterirdischen Märchenwelt auf ganz neue Weise. Besonders stark scheidet sich der feste Kalk aus der wäßrigen Lösung natürlich an der Oberfläche der Höhlenteiche und Höhlenseen ab; denn hier findet ein besonders lebhafter CO_2-Austausch mit der Höhlenluft statt. Auf diese Weise umgeben sich die Höhlengewässer mit regelrechten Sinter-Staumauern, die wiederum dazu beitragen, daß der Wasserspiegel steigt. Erneut setzt sich Kalk am oberen Rand der Mauer ab, und langsam wächst ein Sinterbecken heran (vgl. Abb. 124). Solche Schalen können bis zu zwei Metern noch werden. Manchmal finden sich in längst ausgetrockneten Höhlengängen waagrechte Sinterleisten an den Wänden, die den ehemaligen Wasserstand markieren.

Unter Wasser fällt der Kalk gerne als *Knöpfchen-, Perl-* oder *Knollensinter* aus. Überreich an diesen relativ seltenen Formen sind die kleinen aber äußerst sehenswerten Höllgrotten bei Baar, unweit des Schweizer Städtchens Zug (vgl. Abb. 127 und 128).

In besonders reinen und vollkommen unbewegten Höhlenseen scheidet sich der Kalk in einer Fülle regelmäßiger Kristalle aus: bei tiefen Temperaturen als Calcite, in warmen Höhlen als Aragonit. Solche glitzernde und funkelnde Kristallgrotten gehören zu den faszinierendsten unterirdischen Szenerien (vgl. Abb. 126). Fotos können ihren Zauber nicht im entferntesten wiedergeben; denn mit jeder Bewegung der Höhlenlampe strahlen neue Kristallflächen auf, blinken und blitzen andere Facetten. Dazu kommt das überwältigende Erlebnis des Kontrasts: Der Weg zu solchen abgeschiedenen Schatzkammern führt nicht selten durch lehmverschmierte Gänge; rundum herrscht bedrückendes Dunkel; und da, auf einmal fällt der Lichtkegel in einen strahlenden Kristallkessel wie in eine große geöffnete Schmuckschatulle. Wer so einen Augenblick des Entdeckens einmal erlebt hat, vergißt den Anblick nie.

Merkwürdigerweise bilden sich Perlsinter und kristalliner Sinter gelegentlich auch über dem Wasser an Höhlendecken und -wänden aus; warum, das haben die Speläologen bis heute noch nicht herausgefunden (vgl. Abb. 125). Offenbar sind an solchen Bildungen Kalkalgen beteiligt, die wiederum auf Eisenbakterien angewiesen sind.

Wohl die eigentümlichsten Tropfsteinerscheinungen sind die *Exzentriker* oder *Excentriques*, die der Fachmann gelegentlich auch als *Heliktiten* bezeichnet. Das sind bizarre, wurzelförmige Gebilde, die meistens aus Stalaktiten herauswachsen, manchmal aber auch auf Stalagmiten oder direkt auf dem Fels aufsitzen können (vgl. Abb. 133, 135 und 136). Es gibt verschiedene Theorien, die eine Erklärung für die Entstehung dieser merkwürdig gewundenen Tropfsteingebilde suchen, aber beweisen ließ sich bis heute keine einzige. Manche Autoren glauben, daß der Höhlenwind die hängenden und abfallenden Tropfen zur Seite getrieben habe. Dem widerspricht aber das konfuse Wachstum der Exzentriker in alle möglichen Richtungen. Andere führen die ungewöhnlichen Formen auf Bakterienkulturen zurück, die einen Einfluß auf das Richtungswachstum ausüben sollen. Wieder andere Wissenschaftler glauben, daß hier Kristallkräfte im Spiel seien, beziehungsweise daß sich winzige elektrisch geladene Wassertröpfchen direkt aus der feuchten Höhlenluft an den bizarr wachsenden Gebilden anlagern. Vielleicht wird die Zukunft eine Erklärung bringen.

Wie alt sind Tropfsteine?

Wer viele Schauhöhlen besucht, wird früher oder später auf einen scheinbaren Widerspruch stoßen: Ein Höhlenführer erklärt, Stalag-

91 Die »Porte des Mycènes« ist eines der auffälligsten Felsgebilde der »Versteinerten Stadt« *Montpellier-le-Vieux*.

92 Erdpyramiden am Ritten in Südtirol: Manche dieser Nadeln aus altem Moränenschutt sind bis zu 30 Metern hoch.

miten wachsen etwa einen Zentimeter im Jahrhundert, ein anderer setzt für das gleiche Wachstum 1000 Jahre an, ein dritter schließlich spricht von einem reichlichen Jahrzehnt. Ob die Zahlen im Einzelfall zutreffen, wissen die Götter; fest steht, daß ein Zentimeter in 100 Jahren ein einigermaßen vernünftiger Durchschnittswert ist.

In der Tat wachsen Tropfsteine verschieden schnell. Ihre Größenzunahme hängt von verschiedenen Faktoren ab: vom lokalen Klima, von der Zusammensetzung und Wasserdurchlässigkeit des Gesteins, vom Pflanzenbewuchs über der Höhle, von der Temperatur im Höhleninneren, von der Häufigkeit der Tropfen, die den einzelnen Stalagmiten aufbauen, vom Höhlenwind, vom Stalagmitendurchmesser und manch anderen Einflußgrößen. Selbst die gegenseitige Beeinflussung der simpelsten dieser Faktoren ist bis heute unerforscht. Der Wissenschaftler kann eben in seinem Labor nicht in wenigen Wochen oder Monaten nachvollziehen, wozu die Natur Jahrzehntausende braucht.

Trotzdem läßt sich das Alter der verschiedenen Zonen eines Tropfsteins heute recht genau bestimmen. Den Schlüssel dazu fand der bekannte Wiener Höhlenforscher Herbert W. Franke 1951 als frischgebackener Doktor-Physiker. Er nahm an einer Höhlenexpedition teil – der ersten seines Lebens – und kam mit den Problemen der Speläologen in Kontakt. Dem jungen Wissenschaftler stellte sich auch die Frage der Tropfsteindatierung. Kurz zuvor war es dem amerikanischen Kernphysiker und späteren Nobelpreisträger Willard F. Libby gelungen, das Alter von Knochenfunden und Holzkohlenresten aus der Vorzeit zu bestimmen. Er ging davon aus, daß vom Kohlenstoff im Kohlendioxidgas der Luft zweierlei verschiedene Formen existieren, zwei »Isotope«, wie der Kernforscher das nennt: der normale Kohlenstoff-12 (C-12) und der radioaktive Kohlenstoff-14 (C-14). C-14-Atomkerne bestehen aus 14 Elementarteilchen, während sich die des normalen Kohlenstoffs nur aus 12 solchen Teilchen zusammensetzen. Das C-14-Atom ist instabil und zerfällt im Laufe der Zeit. Dabei gibt es radioaktive Strahlung ab und wird zu normalem C-12. Jede der beiden Kohlenstoffarten kann sich mit anderen chemischen Elementen verbinden, beispielsweise mit Sauerstoff zu Kohlendioxidgas, das ja ein Bestandteil unserer Atmosphäre ist. Die Kernphysiker haben im Zusammenhang mit dem C-14-Gehalt der

Luft zwei interessante Tatsachen herausgefunden, die einander auf den ersten Blick scheinbar widersprechen: 1. Der Kohlenstoff-14-Anteil in der Luft bleibt immer gleich (sofern er nicht durch menschliche Atomversuche gestört wird). 2. Von jeder Tonne C-14 zerfallen jährlich rund 90 Gramm. – Beide Beobachtungen lassen sich miteinander nur dann in Einklang bringen, wenn fortwährend irgendwo auf der Welt genauso viele neue C-14-Atome entstehen, wie jährlich zerfallen. Das ist in der Tat so. C-14 bildet sich in den obersten Schichten der Atmosphäre durch eine Wechselwirkung zwischen der Luft und dem ständigen radioaktiven Neutronenregen aus dem Weltall.

Im Kohlendioxidgas der Luft herrscht also stets ein Gleichgewicht zwischen zerfallenden und neu entstehenden C-14-Atomen. Es gibt jedoch Atomverbindungen, bei denen das nicht so ist. Die Pflanzen nehmen mit Hilfe des Sonnenlichts Kohlendioxid aus der Luft als Nährstoft auf. Dabei bauen sie die Kohlenstoffatome in das Gewebe ihrer Blätter und Stengel ein. Über die biologische Nahrungsmittelkette gelangen die gleichen Atome später in den Körper pflanzenfressender und schließlich fleischfressender Tiere. Pflanzen und Tiere können aber nur neuen Kohlenstoff aufnehmen, solange sie leben. Nach ihrem Tode muß sich deshalb das Gleichgewicht zwischen den radioaktiven C-14-Atomen und den normalen C-12-Atomen langsam zugunsten der C-12-Atome verschieben. Denn das C-14 zerfällt im Laufe der Zeit, und neuer Kohlenstoff gelangt ja nicht mehr in den toten Körper. Genau in 5730 Jahren ist die Hälfte des ursprünglich vorhandenen C-14 zerfallen. Im doppelten Zeitraum, also in 11460 Jahren ist nur noch ein Viertel übrig und so weiter.

Gelingt es, mit kernmeßtechnischen Geräten das Verhältnis von C-14-Atomen zu C-12-Atomen beispielsweise in einem vorzeitlichen Knochenfund festzustellen, dann läßt sich daraus leicht das Alter des Fundstücks berechnen. Angenommen, in einem alten Rentierknochen kommen auf jedes C-12-Atom nur halb so viele C-14-Atome wie im Kohlendioxidgas der Luft, dann muß der Knochen genau 5730 Jahre alt sein. Dabei ist das Atomverhältnis nicht allzuschwer zu messen, denn C-14 ist ja radioaktiv und verrät seine Menge durch die Stärke der Strahlung.

Der junge Doktor Franke überlegte, wie organische Substanzen, die sich für Untersuchungen nach der C-14-Methode eigneten, in

93 Auch im Val d'Hèrens im Wallis gibt es Erdpyramiden. Decksteine haben die Türme des bröckligen Konglomerats vor der Erosion geschützt.

94 In der Nähe des südfranzösischen Städtchens Mée stehen die »Puddingfelsen«, eine Wand hundert Meter hoher Erosionstürme aus verbackenen Kiessedimenten.

95 Bei Cuenca im Osten der spanischen Provinz Neukastilien tritt in 1417 Metern Höhe eine topfebene Fläche aus Kalkfels zutage. Tiefe Erosionsschluchten durchschneiden sie...

Tropfsteine gelangt sein könnten. Doch des Rätsels Lösung war viel einfacher: Die Tropfsteine selbst nehmen ja, genau wie Lebewesen, bei ihrer Entstehung Kohlenstoff aus dem CO_2 der Luft auf! – Schon kurz nach dieser für die Höhlenforschung bahnbrechenden Erkenntnis gelang es Wissenschaftlern im Zweiten Physikalischen Institut in Heidelberg, auf diese Weise das Alter von Tropfsteinen exakt zu ermitteln.

Sehr ähnlich wie Tropfsteine bilden sich Eisstalagmiten und Eisstalaktiten, wenn in Hochgebirgshöhlen die Temperatur unter den Gefrierpunkt sinkt und aus dem noch warmen Gestein flüssiges Wasser tropft. Der Formenreichtum in solchen Eishöhlen ist weniger vielfältig als die bunte und bizarre Welt des unterirdischen Sinters, aber ihre prächtigen blau und grün durchscheinenden oft monumentalen Eisgebilde sind kaum weniger beeindruckend. Mächtige Gletscher liegen in den kalten unterirdischen Hallen. Im Eingangsteil der größten europäischen Eishöhle, der 42 Kilometer langen Eisriesenwelt bei Werfen im Salzburgischen Land, bedecken 30000 Kubikmeter bis zu 20 Meter dickes Eis allein den Boden eines nur einen Kilometer langen, steil ansteigenden Gangstücks. In diesem Höhlenteil finden Führungen statt, die dem Besucher je nach Jahreszeit aufregende Eisgebilde bieten. Da gibt es glasklare meterhohe Eismännchen, gewaltige blauschimmernde Säulen und Eiskaskaden und vom Höhlenwind muschelförmig ausgekolkte grünweiß geschichtete Eiswände. Wer das Glück hat, die Eisriesenwelt gerade dann zu besuchen, wenn feuchtwarme Außenluft in die stark unterkühlte Höhle eingedrungen ist, der nimmt ein besonders nachhaltiges Erlebnis mit nach Hause, denn dann haben sich alle Wände und Eisoberflächen mit einem dikken Mantel glitzernden Rauhreifs geschmückt, der im Schein der Karbidlampen funkelt, wie ein aus Millionen feinster Kristalle gewobener Teppich.

Nicht weit von der Eisriesenwelt entfernt, im Dachsteinmassiv, öffnet sich oberhalb von Obertraun die zwei Kilometer lange »Rieseneishöhle«. Auch sie ist durchaus einen Besuch wert.

Höhlen in Gips und Granit

Die Speläologie, die wissenschaftliche Höhlenkunde, befaßt sich nicht nur mit Problemen wie der Höhlenentstehung, der Höhlenform und den Tropfstein- und Höhleneisbildungen. Es ist eine vielseitige Wissenschaft, die auch Gebiete wie Höhlenwetterkunde, Höhlenbotanik und Höhlenzoologie behandelt. Und sie befaßt sich natürlich auch mit Höhlen, die nicht im Kalk oder Dolomit entstanden sind. Sie sind bei weitem in der Minderheit. Der große unterirdische See von St.-Léonard bei Sion im Wallis (vgl. Abb. 141) beispielsweise ist durch chemische Lösungsvorgänge in einem mächtigen Gipslager entstanden und zählt deshalb zu den besonderen Raritäten unter den europäischen Höhlen.

Nördlich des Gotthardmassivs in der Schweiz existiert 50 Fußmarschminuten oberhalb von Göschenen sogar eine Höhle im Granit, die Sandbalm-Höhle, die in dem extrem widerstandsfähigen Gestein weder durch Korrosion noch durch Erosion entstanden sein kann. Das alte Gestein, das sich lange vor der Entstehung der Alpen gebildet hatte, war durch das Absinken tief unter den Grund des Urmeers Tethys und das anschließende Wiederauftauchen gerissen. In dem breiten Spalt hatte sich dann ein Quarz-, Calcit- und Chloritgang gebildet. Der Quarz formte dabei mächtige, perfekt gestaltete Bergkristallstufen, die von allen Seiten in noch verbliebene Hohlräume des Spalts hineinragten. Als Kristallsucher die auf 250 Meter Länge begehbare Sandbalm-Höhle Anfang des achtzehnten Jahrhunderts fanden, mußte ihr Inneres ein faszinierendes Bild geboten haben; denn die Höhle war die größte Bergkristallhöhle der Alpen. Heute ist sie so gründlich geplündert, daß sich auch nicht ein einziger unbeschädigter Kristall mehr in ihr findet: ein beklagenswerter Fall von »Mineralogenerosion«, die mit dem umsichgreifenden Kristallsammelhobby erschreckende Ausmaße angenommen hat und unersetzliche Naturschönheiten zerstört. Heute ist die Sandbalm-Höhle als größte Alpenhöhle im Granit nur noch von geologischem Interesse (vgl. Abb. 142 und 143).

Wieder eine andere, ebenfalls recht seltene Form der Höhlenbildung hat es – auf Umwegen – zu Weltruhm gebracht. Am Rande des kleinen Örtchens Roquefort-sur-Soulzen, rund 30 Kilometer südwestlich des auf Seite 102 beschriebenen Felsenchaos von Montpellier-le-Vieux, fällt ein Kalkplateau steil zum Tal des Flüßchens Soulzon ab; so steil, daß sich eine kilometerlange senkrechte Platte löste und auf

96 ...Unter der mächtigen harten Deckschicht liegt weicheres Gestein, das der Verwitterung weniger Widerstand entgegensetzt...

97 ...So entstanden Torbögen und Brücken, getragen von Pfeilern aus weicherem Untergrundgestein...
98 ...Wird die Spannweite der freitragenden Deckenplatten zu groß, dann besteht schließlich Einsturzgefahr...

den feuchten weichen Flußsedimenten abrutschte. Die Folge war ein ungeheures Felschaos, das lange schmale, durch den Verbruch entstandene Luftgänge einschloß: die Höhlen von Roquefort, die später eindringendes Wasser noch etwas erweitert hat (vgl. Abb. 144).

Ein welt-berühmter Höhlenkäse

Die Sage will es, daß einst ein armer Hirtenknabe die Gewohnheit hatte, während der heißen Mittagsstunde in den kühlen Grotten mit ihrem frischen Luftzug Siesta zu halten. Wie in der Gegend üblich, aß er Schafskäse zu seinem Weißbrot. Eines Tages vergaß er, sein frugales Mahl zu sich zu nehmen und ließ den Proviant in der Höhle liegen. Als er ihn nach Wochen wiederfand, war der Käse verschimmelt. Der arme Hirte aß ihn trotzdem, und siehe da, er schmeckte vorzüglich; viel besser als frischer Käse. – Der junge Schäfer hatte den heute weltberühmten Roquefort-Käse erfunden. Oder sollte man besser sagen »entdeckt«? Wie dem auch sei, der blauadrige Feinschmeckerkäse verdankt sein Heranreifen zwei einmaligen Umständen: dem sehr konstanten Höhlenklima mit immer gleichbleibenden Temperaturen und einem ständigen Hauch von Frischluft einerseits und dem Vorkommen des einzigartigen Schimmelpilzes Penicillium roqueforti, der nur hier gedeiht und sonst nirgends auf der ganzen Welt gefunden wurde. Heute erzeugen mehrere Fabrikationsgesellschaften jährlich zusammen weit mehr als 10 Millionen Tonnen des erlesenen Käses und exportieren ihn in alle Welt. Ein Tip für Gourmets: Die Käsegrotten können besichtigt werden (vgl. Abb. 145)!

Höhlen, von Vulkanen erzeugt

Kalkhöhlen, Korrosionshöhlen im Gips, Kristallbänder im Granit, Höhlen, die sich durch Bergstürze bilden,... ist damit die Skala der natürlichen Hohlräume erschöpft? – Nein. Auf der Vulkaninsel Lanzarote liegt, 28 Kilometer nordöstlich der Hauptstadt Arrecife, die »Grüne Höhle«, die Cueva de los Verdes. Sie ist 6,1 Kilometer lang und schien früher noch länger gewesen zu sein. Heute sind Teile eingestürzt. Ganz in der Nähe gibt es eine zweite, ähnliche aber viel kleinere Grotte: die Jameos de Agua. Wahrscheinlich hingen früher einmal beide Höhlen zusammen. Im Gegensatz zu Kalkhöhlen haben sich diese unterirdischen Gänge nicht erst nachträglich im Fels gebildet, sie sind gleich mit dem Gestein zusammen entstanden. Als der Vulkan Corona einen gewaltigen Lavastrom ausspie, wälzte sich die heiße Gesteinsschmelze durch ein tiefes Erosionstal zum Meer hinab. Rasch erstarrte die Lava an ihrer Oberfläche; aber unter der festen Decke, die sich bildete, floß das glutflüssige Gestein weiter, sogar dann noch, als sich der Vulkan beruhigt hatte und keine Lava mehr förderte. Die Röhre entleerte ihren immer noch nicht erstarrten Inhalt ins Meer, und zurück blieb ein viele Kilometer langer unterirdischer Gang im rundherum verfestigten Basaltgestein. Den Besucher faszinieren heute die schillernden, oft ins Gelbgrüne oder Blauviolett spielenden Farben der Höhlenwände, die lebhaft an die heißen Stunden ihrer Entstehung gemahnen. Auch von der Form her ist die Cueva de los Verdes recht abwechslungsreich. Übereinander liegende Galerien wechseln mit großen Hallen, enge Passagen mit tiefen Schluchten. Am Ende wartet ein gähnender Abgrund. Wer allerdings die Empfehlung des Höhlenführers befolgt und versucht, die Tiefe des Schachts durch einen kraftvoll hinabgeschleuderten Stein zu ergründen, der erlebt eine feuchte Überraschung: Der Abgrund ist gar kein Abgrund, sondern die hohe Wölbung der Höhlendecke, die sich mit unglaublicher Klarheit im unbeweglichen Wasser eines kleinen flachen Höhlensees spiegelt.

Die Cueva de los Verdes gehört zu den größten vulkanischen Höhlen der Welt. Eine ähnlich große gibt es auf Teneriffa, die Cueva del Viento, die aber für den Tourismus nicht erschlossen ist und nur bergsteigerisch ausgerüsteten Naturfreunden ein Abenteuer bietet. Kleine Höhlen vulkanischen Ursprungs gibt es am Vesuv und in Fülle an den West- und Nordflanken des Ätna, wie die Grotta Intralio, die Grotta delle Vanette, die Grotta delle Vanelle und die Grotta delle Palombe. Sie alle lassen sich aber im durchweg schwierigen und weglosen Gelände nur mit Mühe und nicht ganz gefahrlos erreichen.

Wohl die eindrucksvollste vulkanische Grotte Europas ist die Fingal's Cave auf der kleinen unbewohnten Hebriden-Insel Staffa. Zwar nur 70 Meter lang und 20 Meter hoch, besticht sie durch die Fülle von Basaltsäulen an ihrem Eingang, die in ihrer Schönheit fast mit jenen des nordirischen Giant's Causeway (vgl. Abb. 18 bis 20) mithalten können. Zudem öffnet sich die Höhle inmitten einer meerumtosten Steilküste, was zum urwüchsigen Zauber der Szenerie noch erheblich beiträgt. Berühmte Schriftsteller, Dichter und Musiker haben diesem schottischen Naturwunder ihre künstlerische Ehrerbietung gezollt; unter

99 ...Übrigbleiben pilzförmige Tische...
100 ...von gigantischen Dimensionen, wie der Größenvergleich mit den vier Menschen links im Bild zeigt...

101 ...In dieser zyklopischen Blumenschale wachsen sogar Sträucher und kleine Kiefern...

ihnen Walter Scott, Jules Verne und Felix Mendelssohn-Bartholdy, der der Höhle eine symphonische Dichtung widmete.

Heute ist die Fingal's Cave beinahe in Vergessenheit geraten, nicht zuletzt weil sie sich nur sehr schwierig mit einem gecharterten Boot – am besten von Bunessan aus – erreichen läßt.

Höhlen, vom Meer geschaffen

Noch eine letzte Höhlenkategorie verdient es, erwähnt zu werden: Die Meeresgrotte. Es gibt scheinbare Meeresgrotten wie die Fingal's Cave oder die berühmte Smaragdhöhle an der süditalienischen Küste zwischen Positano und Amalfi. Während die eine vulkanischen Ursprungs ist, verdankt die andere ihr Dasein in der typischen Kalkerosion. Echte Meeresgrotten dagegen hat die Brandung aus dem Gestein gewaschen. Wohl die bekannteste ist die Blaue Grotte von Capri, die Grotta Azzurra, die jährlich rund 35 000 Touristen besuchen. Es ist eine 52 Meter lange und 32 Meter hohe einfache Halle, die nur bei ruhiger See mit kleinen Ruderbooten zu erreichen ist. Beeindruckend ist die leuchtende blaue Farbe ihres Wassers, die der Grotte den Namen gab. Sie rührt vom Tageslicht her, das durch ein 15 Meter breites Felsloch unter der Meeresoberfläche in die Halle eindringt und das Wasser von unten anstrahlt.

Ob es nun die Wunderwelten bizarrer Sintergebilde sind, die aussehen wie versteinerte Gnomen oder ganze orientalische Städte, ob es die metallisch schimmernden Höhlenwände vulkanischer Grotten sind oder die Lügengeschichten von den acht hungernden Kindern trinkgeldheischender Höhlenlotsen in der Blauen Grotte von Capri: Unter der Erde hat das Märchen noch ein Reich.

»Es sammle sich das Wasser unter dem Himmel«

(1. Buch Mose)

Vom Wesen des Wassers

Vulkane, Hochgebirge, Eiswildnisse, dürre Erosions- und Karstlandschaften, weltferne Höhlen... was vermag der Mensch ihnen anzuhaben? Gewiß, er zersiedelt den Alpenraum gründlich, und auf dem abgeschiedensten Gletscher sammeln sich Ruß und giftige Chemikalien, die er irgendwo in großen Mengen freigesetzt hat. Noch aber ist es ihm nicht gelungen, diese Naturwunder zu zerstören. Doch es gibt weitaus sensiblere Urlandschaften, die dem vernichtenden Treiben der Menschen schon zum größten Teil zum Opfer gefallen sind: die Feuchtgebiete. Vulkane spotten jedes menschlichen Eingriffs. Gebirgszüge lassen sich nicht abtragen, Gletscher nur schwerlich schmelzen. Aber Wasser, selbst wenn es mächtige Ströme bildet und weite Gebiete überflutet, ist dem Menschen preisgegeben. Wasser ist mobil, und von dieser Mobilität hat der Mensch ausgiebig Gebrauch gemacht. Er hat Quellen und Bäche zu großen Seen aufgestaut, hat Flüsse begradigt oder umgelenkt, Sümpfe entwässert und Moore trockengelegt. Danach hat er die kanalisierten Wasserläufe und die ihrer natürlichen Ufer beraubten Seen mit Schädlingsbekämpfungsmitteln und giftigen Chemieabwässern verseucht und ihnen durch

102 ...Dünner und dünner wird der Stiel der riesigen Verwitterungspilze, bis schließlich die Schwerkraft selbst auf den Kopf gestellt zu sein scheint.

103 Ein hochalpines Karrenfeld in der Brenta: Die Erosion hat das plattige Dolomitgestein treppenförmig ausgewaschen und tiefe Spalten in den Fels gelaugt. – Im Hintergrund die 2987 Meter hohe Pietra Grande.
104 Zu den ausgedehntesten Karrenfeldern Europas gehören die Karsthochflächen des Burren in Westirland.

eingeleitetes Kühlwasser Sauerstoff entzogen. Gelegentlich brachte ihm das wirtschaftlichen Nutzen. Der Schaden überwiegt. Dabei geht es gar nicht allein um die geschwundene Lebensqualität, die tiefempfindende Zeitgenossen in dem Mangel an natürlicher Umwelt beklagen. Es geht um viel handgreiflichere Fakten als den Sinn für Ästhetik, für Entspannung und Erholung in unverfälschter Natur. Drei Beispiele sollen andeuten, wo überall Gefahren liegen können:

Mit der Oberlaufregulierung des Rheins nahm die Erosionskraft des nun schneller dahinfließenden Wassers zu. Seit seiner Begradigung hat sich der Fluß deshalb bis zu sieben Meter tiefer in den Untergrund genagt.

Die Folge: Der Grundwasserspiegel sank und fruchtbares Ackerland auf einem mehrere Kilometer breiten Streifen trocknete aus und versteppte.

Der Mensch als Schädling

Sumpf- und Moorland ist die Brutstätte zahlreicher Vogelarten. Wo solches Gelände nicht mehr existiert, sterben die dort heimischen Vögel aus. Die rote Liste der Naturschützer wird Jahr für Jahr länger. Das natürliche Gleichgewicht der Lebensräume kippt um, es kommt zur biologischen Katastrophe. Schädlingsschwärme können sich ungestört vermehren, sofern der Mensch das Land, in dem er lebt, nicht vollkommen vergiftet. Natürliche Feinde haben die Schädlinge nicht mehr. – Dieses Argument ist seit Jahren so sattsam bekannt, daß es eine Plattheit wäre, es hier zu wiederholen, wenn die permanente eindringlichste Wiederholung nicht erforderlich wäre. Natürlich hat sich herumgesprochen, daß Eingriffe gerade in den Feuchtehaushalt der Natur schwerwiegende Schäden nach sich zieht. Mit Milliardenmitteln versucht beispielsweise Italien, seine vor Zeiten rigoros abgeholzten Wälder wieder aufzuforsten, weil es in den nackten Bergen an natürlichen Wasserspeichern fehlt. Merkwürdigerweise scheinen aber Politiker aus Schaden nicht klug zu werden. Denn was sich heute in Italien abspielt, ist die gründliche Vorbereitung einer neuen nationalen Katastrophe. Systematisch legen die Italiener ihr ohnehin schon weitgehend verstepptes Land vollkommen trocken. Allein die Provinz Ferrara entwässerte in den vergangenen vier Jahrzehnten 33000 Hektar Feuchtgebiete. Dabei hätte für Bauprojekte mehr als genug wertloseres Land zu Verfügung gestanden; denn von dem einst so sumpfreichen Italien sind nur noch 0,5 Prozent Feuchtgebiete!

Das dritte Beispiel mag am meisten erschüttern, obwohl es im Grunde nicht mehr und nicht minder katastrophale Folgen hat, als das Kanalisieren ganzer Flußsysteme oder das Trockenlegen auch der letzten Sümpfe.

Nur der Maßstab ist größer. Etwa 70 Prozent des Luftsauerstoffnachschubs erzeugen die grünen Pflanzen der Flachmeere, rund 30 Prozent die Landpflanzen. Unter den Meeresbiologen gilt es als erwiesen, daß gegen Ende unseres Jahrtausends das Mittelmeer biologisch tot sein wird, wenn die eingeleiteten Giftströme aus Rhône, Po, Arno, Tiber und anderen Flüssen unverändert weiterfließen. Das Hinterland des Golfs von Genua ist ein Gebiet, das im Windschatten der Seealpen nur über einen relativ geringen großräumigen Luftaustausch verfügt. Es ist also auf das Mittelmeer als lebendigen Sauerstofflieferanten angewiesen. Fazit: Wenn die Wasserverseuchung nicht aufhört, wird in einigen Jahrzehnten an der Riviera und nördlich von ihr die Atemluft knapp!

Die Konvention von Ramsar – ein Lichtblick?

Daß die Ignoranz gegenüber Fragen des Gewässerschutzes keine italienische Nationaleigenschaft ist, sondern auch vor anderen angeblich zivilisierten Nationen nicht haltmacht, zeigen leider nur allzu deutlich die allerjüngste Vergangenheit und die Gegenwart. Es klingt wie ein schlechter Witz, daß Anfang 1971 ausgerechnet ein naturwissenschaftlich schwächer entwickeltes Land, der Iran, Regierungsvertreter aus aller Welt zu einer Tagung über Gewässerschutz eingeladen hat. Die internationale Konferenz zum Schutze von Feuchtgebieten fand in Ramsar statt. Ihr Ziel war ebenso sinnvoll wie klar und einfach und kann für jede Teilnehmernation von größtem Nutzen sein. Die Deutsche Bundesforschungsanstalt für Naturschutz und Landschaftsökologie faßt es so zusammen:

»Leitgedanke der Konvention ist die Absicht, daß sich möglichst viele Staaten bereit finden, Feuchtgebiete von internationaler Bedeutung unter besonderen Schutz zu stellen. Denn gerade die Feuchtgebiete sind in aller Welt die am meisten gefährdeten Teile der Landschaft, und die in ihnen lebenden Watt- und Wasservögel sind ebenso wie die Greifvögel eine besonders stark gefährdete Vogelgruppe.

105 Regenwasser hat in den senkrecht geschichteten Fels in der Umgebung des Klosters Lluch auf Mallorca tiefe Rillen gelaugt. So entstehen Spitzkarren, ...

106 ...die wie Felsbretter mit messerscharfen Gratrücken in der Landschaft stehen.

Die internationale Feuchtgebietskonvention verpflichtet die Vertragspartner, bei ihrem Beitritt mindestens ein Feuchtgebiet internationaler Bedeutung zur Aufnahme in die bei der Internationalen Naturschutz-Union in Morges/Schweiz geführten Liste der Feuchtgebiete internationaler Bedeutung zu benennen. Sie verpflichtet sie weiterhin, für den Schutz der Gebiete von internationaler Bedeutung zu sorgen und ihre Betreuung zu gewährleisten. Die internationale Verpflichtung zum Schutz eines jeden Gebiets, das in der Liste enthalten ist, wird von den übrigen Partnerstaaten der Konvention, das heißt von der internationalen Fachwelt und der Weltöffentlichkeit überwacht. Artikel III der Ramsar-Konvention enthält die Verpflichtung zur schnellstmöglichen gegenseitigen Unterrichtung der Partnerstaaten über die Veränderungen der ökologischen Verhältnisse eines Gebiets, die auf indirekten oder direkten menschlichen Eingriffen beruhen. Die Konvention kennt zwar keine Sanktionen gegen Mitgliedstaaten, die ihren Verpflichtungen nicht nachkommen, doch müssen sich diese Staaten den Tadel oder die Diffamierung durch die internationale Fachwelt gefallen lassen. Auf den regelmäßigen, durch die Konvention vorgeschriebenen Fachkonferenzen können Empfehlungen und Resolutionen an bestimmte Staaten, Geist und Buchstaben der Konvention zu erfüllen, gerichtet werden. Alle um den Fortbestand der Feuchtgebiete und der in ihnen lebenden Tiere besorgten Menschen hoffen aber darauf, daß das internationale Abkommen bei politischen Stellen und der Öffentlichkeit die Neigung zum Schutz der Feuchtgebiete verstärken wird.«

Die Ramsar-Konvention sollte vier Monate nachdem ihr wenigstens sieben Staaten beigetreten sind, in Kraft treten. Weil das Abkommen im Grunde niemanden ernstlich verpflichtete (Artikel VII betont, daß jede Vertragspartei das Recht hat, die angemeldeten Feuchtgebiete wegen dringender nationaler Interessen aufzuheben oder enger zu ziehen), sollte man meinen, daß es vier Monate nach der Tagung wirksam geworden sei.

Aber erst vier Jahre später hatten sich auf der ganzen Welt sieben Nationen zur Ratifizierung bereit gefunden: Australien, Finnland, Griechenland, der Iran, Norwegen, Schweden und Südafrika. Kein einziger der Staaten, für die Gewässerschutz schon heute dringendste

Notwendigkeit ist, war dabei! Den drei skandinavischen Ländern konnte die Unterzeichnung der Konvention kein Kopfzerbrechen machen. Sie verfügen über genügende ungenutzte Wasserreserven, um wenigstens ein Gebiet als schützenswert anzumelden. Der Iran mußte sich als Gastgeberland verpflichtet fühlen. Bleiben Griechenland, Australien und Südafrika; und das sind auch nicht gerade jene Hochburgen der Umweltverschmutzung, denen die internationale Konferenz galt. Immerhin haben sich inzwischen auch Bulgarien, Spanien, Großbritannien und die Bundesrepublik Deutschland als Vertragsstaaten eingetragen. Westdeutschland meldete gleich 17 Feuchtgebiete internationaler Bedeutung auf seinem Terrain. Das klingt ermutigend, ist es aber nicht. Im Gegenteil: Die 17 Schutzgebiete sind fast ausnahmslos Zonen, die ohnehin kaum eines Schutzes bedürfen, weil sie entweder unzugänglich und als Bauland nicht verwertbar sind (72,3 Prozent der zusammen 243027 Hektar sind Wattenmeer), weil sie bereits als Feriengebiete kommerziell optimal genutzt werden (13,2 Prozent sind Seen wie der Ammersee oder der Starnberger See) oder weil sie landwirtschaftlich nicht nutzbar sind und zugleich fernab von jedem industriellen Ballungsraum liegen (11,5 Prozent). Entsprechend sieht die Verteilung der geschützten Feuchtgebiete auf die einzelnen Bundesländer aus: Niedersachsen meldete acht Gebiete an (vorwiegend Wattenmeer), Bayern sieben (vorwiegend Voralpenseen), Rheinland-Pfalz und Baden-Württemberg je ein sehr kleines. Das Gewissen der Politiker ist beruhigt. Geschehen ist so gut wie nichts. Für die Aufnahme der achtzehn wirklich gefährdeten Feuchtgebiete die eine von der Bundesregierung angeforderte Studie der Bundesforschungsanstalt für Naturschutz und Landschaftsökologie außerdem nennt, verweigerten die Landesregierungen bisher ihre Zustimmungen!

Die Gesamtaktion war bis dato also kaum mehr als eine kostspielige, gedankenlose Farce. Oder sollten »weitsichtigere« Politiker bewußt noch ungeschützte Feuchtgebiete in petto halten, um angemeldete Gebiete später doch vernichten zu können? Heißt es doch im Artikel II der Konvention, daß der Verlust eines Feuchtgebiets soweit wie möglich durch ein neu anzumeldendes Gebiet auszugleichen ist.

107 Der Blautopf in Blaubeuren in Südwestdeutschland ist eine Karstquelle. Er fördert das auf den Hochflächen der Schwäbischen Alb versickernde Wasser durch einen schräg aufsteigenden Felskanal zutage. Den eigentlichen Quelltopf bildet eine etwa 20 Meter hohe Gletschermoränenschicht aus der Eiszeit.

108 In Karstlandschaften sind »Schlucklöcher« häufig, in denen bei starken Niederschlägen ganze Bäche verschwinden. Dieser Schacht öffnet sich inmitten der Causse Méjean im zentralen Südfrankreich.
109 Poljen, riesige abflußlose Trichter im Karst, haben dem süditalienischen »Stiefelabsatz« Apulien seinen Namen gegeben. Das Polje von Altamura hat einen Durchmesser von 500 Meter.

Wasser in Europa

Wie katastrophal es auch in Westeuropa um die letzten Feuchtgebiete bestellt sein mag, dort, wo sie noch existieren, gehören sie zu den beeindruckendsten Naturlandschaften unseres Kontinents. Wo Elektrizitätsgesellschaften die wenigen noch tosenden Wildwasser und Wasserfälle nicht angezapft oder vollkommen lahmgelegt haben, bieten sich dem Naturfreund Bilder von genauso faszinierender Schönheit, wie dort, wo durch unberührtes Waldland noch breite kristallklare Flüsse strömen, wo in der Weite der Tundra oder in herben Bergregionen noch blaue Seen leuchten, wo über geheimnisvoll düsteren, federnden Moorboden noch der Wind fegt, wo noch große Kolonien seltener Wasservögel endlos scheinende Sümpfe beleben. – Noch gibt es dieses Europa. Noch existieren einige dieser sensibelsten aller Urlandschaften. Gott gebe, daß wir sie uns erhalten mögen.

Vom Wasser haben wir's gelernt, das Wandern. So sagt ein altes deutsches Volkslied. Wie groß die Wassermassen sind, die durch unsere Lande wandern, verschweigt der Dichter. Aber der Meteorologe nennt die Zahlen: In Mitteleuropa fallen jährlich 500 bis 2000 Millimeter Niederschläge, in den Alpen sind es bis zu 2500. Würde dieses Wasser nicht abwandern, dann würde unser Kontinent also innerhalb von 12 Monaten 1/2 bis 2,5 Meter tief unter Wasser stehen! Wo bleiben diese gewaltigen Feuchtigkeitsmengen? Eine alte Faustformel sagt, daß etwa ein Drittel sofort wieder verdunstet, ein Drittel zunächst von der Pflanzendecke aufgenommen wird, um anschließend ebenfalls zu verdunsten, und das verbleibende Drittel auf der Erdoberfläche oder unterirdisch abfließt.

Natürlich schwanken die drei Größen je nach der Bodenbeschaffenheit und dem Bewuchs von Landschaft zu Landschaft stark. Aber als Durchschnittswerte treffen sie recht gut zu. Für die Feuchtgebiete, von denen hier die Rede ist, zeichnet also nur jenes Drittel verantwortlich, das in Flüssen, Seen und Sumpfgebieten abfließt oder versickert, bis es schließlich den Grundwasserspiegel oder das Meer erreicht. Die Landschaftsformen, die dieses Oberflächenwasser prägt, sind beeindruckend vielgestaltig.

Wasserfälle

Am spektakulärsten nehmen sich die Wasserfälle aus. Wer hätte nicht schon, ergriffen von der lärmenden und gischtenden Urgewalt, die weißen Wasserfetzen und -schleier mit dem Auge auf ihrem Weg in die Tiefe verfolgt, die schillernden Regenbogen beobachtet, die schwere- und substanzlos im sprühenden Nebel der geifernden Kaskaden schweben, oder einem dicken Ast zugesehen, der vom stürzenden Wasser in die Tiefe gezogen für Sekunden im schäumenden Strudel verschwindet, um dann wirbelnd und tanzend mit dem Wasser zu ringen? – Aber wer denkt schon darüber nach, warum Wasserfälle fortbestehen und nicht schon längst im Laufe von Jahrzehntausenden ihr steiles Bett abgetragen und einen ausgeglichenen Flußlauf geschaffen haben? Es muß doch Gründe geben, warum das Wasser wie eh und je senkrecht in die Tiefe stürzt, oder warum sich immer neue Wasserfälle bilden. Des Rätsels Lösung liegt bereits in der Entstehung der Wasserfälle. Und die kann sehr unterschiedlich sein. Einmal finden sich Wasserfälle immer dort, wo sich ein Seitental langsamer in den Berg einschneidet als das Haupttal, in das es mündet; denn dann entsteht unweigerlich eine steile Geländestufe. Das geschieht, wenn zum Beispiel ein kleiner Bach ohne große Erosionskraft in einen breiten reißenden Gebirgsbach mündet, der sein Bett schneller vertieft (vgl. Abb. 147 und 148). Besonders ausgeprägt sind solche Nebentäler, die hoch über einem Haupttal plötzlich steil abbrechen, auch dort, wo während der letzten Eiszeiten mächtige Gletscherzonen in den Haupttälern lagen. Die Seitentäler konnten ja nicht tiefer sein als der Boden des Haupttals, und der bestand aus der Eisoberfläche.

Als die oft mehrere Hundert Meter dicken Eisströme später abschmolzen, ließen sie natürlich an ihren Ufern fast senkrechte Wände zurück, deren Höhe der Mächtigkeit der Gletscher entsprach. Diesen Unterschied konnten die Bächlein aus den Seitentälern in hartem Gestein bis heute nicht ausgleichen (vgl. Abb. 146, 151 und 152).

Daß ein Haupttal schneller absinkt als ein Nebental, kann gelegentlich auch tektonische Gründe haben, etwa dann, wenn der Boden großräumigen Bewegungen in der Erdkruste folgt und langsam als Graben einbricht. Das Gefälle des Rheins am Binger Loch unweit von Mainz erklärt sich durch eine solche Senkung, die noch immer nicht abgeschlossen ist.

Im harten, kompakten Stein fräst fließendes Wasser tiefe Schluchten ein. Davon war im vorletzten Kapitel die Rede. Weichen oder brüchigen Boden trägt das Wasser großflächig ab. Dabei entstehen

110 Etwa 130 Kilometer ostsüdöstlich von Madrid liegt das Städtchen Cuenca. Unweit davon tun sich 28 tiefe »Torcas« auf, mächtige Karsttrichter, deren größter bei 600 Meter Durchmesser 80 Meter tief ist.
111 Bei Narbonne-Plage an der südwestfranzösischen Mittelmeerküste hat sich die Doline Œil Douce mit einem kleinen abflußlosen See gefüllt, der unterirdisch mit dem Karstwasserspiegel kommuniziert.

112 Der Französische und der Schweizer Jura sind reich an Karstquellen, wie die Grotte de Sarrazine…
113 …oder die benachbarte Lison-Quelle bei Nans-sous-Sainte-Anne, rund 30 Kilometer von Besançon.

weite, flache Flußläufe mit recht mäßigem, geringem Gefälle (vgl. Abb. 163 und 164). Abgelagerter Kies oder Schlamm füllen rasch jede Unebenheit im Boden. Kurven im Flußlauf gleichen sich aber nicht von selbst aus. Im Gegenteil: Auf ihrer Außenseite strömt das Wasser schneller und wäscht mehr Gestein und Erde aus, als auf ihrer Innenseite. Dort setzen sich im ruhigeren Wasser bald Sedimente ab. Nach und nach wird die Kurve zur Schleife, die Schleife zur engen Schlinge im Flußlauf. Unmittelbar vor und nach der Schlinge entstehen automatisch neue Kurven, die sich wiederum verstärken und dann aufeinander zuwandern, bis sie endlich alles Material zwischen sich fortgeschwemmt haben und sich treffen. Die Schlaufe ist abgeschnürt. Der Fluß hat sich selbst begradigt. Dabei ist ein Wasserfall entstanden, denn der gleiche Höhenunterschied, den er zuvor in der Schleife durchfloß, tritt jetzt als senkrechter Absturz auf. Erst nach und nach gleicht der Fluß diese plötzlich entstandene Stufe in seinem Bett aus (vgl. Abb. 153 und 156). Inzwischen spielt sich der gleiche Vorgang irgendwo anders im Flußtal von vorne ab.

Wasserfälle können aber ihr Dasein auch bestimmten Gesteinsschichtungen verdanken. Liegt eine harte Platte auf weniger widerstandsfähigem Untergrund, dann wird das abfließende Wasser irgendwann auf seinem zutal führenden Lauf einmal die obere Schicht durchnagen und auf das weichere Gestein herunterstoßen. Das allerdings baut es wesentlich schneller ab. Eine Steilstufe entsteht. Der Wasserfall ist fertig (vgl. Abb. 154, 155 und 157). Natürlich frißt der Fluß auch an der harten Kante selbst unentwegt weiter, weshalb solche Wasserfälle langsam aber sicher stromaufwärts wandern. Diese »Rückwärtserosion« verlagert zum Beispiel die Niagarafälle jährlich um 1 bis 1,5 Meter.

Seen, Sümpfe, Moore

Gelegentlich trifft ein Fluß auf seinem Weg zum Meer auf eine Mulde. Dann staut er sich zum See. Solche Becken sind in Europa fast immer Relikte aus der Eiszeit. Gletscherzungen haben tiefe und breite Täler in den Boden geschliffen und diese Täler am Ende durch ihre Stirnmoränen abgeriegelt. Ob es nun kleine Karseen hoch in den Alpen sind, die großen Bergseen der Schweiz und Norditaliens, die bayerischen Voralpenseen oder die abertausend Seen Südskandinaviens, beinahe alle sind sie so entstanden (vgl. Abb. 159 bis 162, 165 und 167 bis 169). Eine Ausnahme machen die großen meist kreisrunden Seen in Mittelitalien oder in der Eifel, die als sogenannte Maare ehemalige Vulkankrater ausfüllen.

In den Seen kommt das Wasser vorübergehend zur Ruhe. Im Gegensatz zum Fluß ist die Strömung hier so gring, daß sich die feinen vom Wasser mitgeführten Sand- und Lehmteilchen am Boden als Schlamm absetzen. Vom flachen Ufer her wächst ein Schwingrasenteppich in das stehende Gewässer hinaus, aus dem sich mit der Zeit eine schwimmende Humusdecke bildet. Wird sie tragfähiger, dann siedeln sich rasch Schilf und Röhricht an. Nach und nach wächst der See sowohl unten wie von oben her zu. Er verlandet. So entsteht ein *Flachmoor* mit seinen trügerisch schwingenden Böden, unter denen nicht selten noch freies Wasser liegt (vgl. Abb. 171 und 172).

Verfestigt sich der Grund weiter, dann siedeln sich bald die ersten Bäume an. Oft sind es Birken und Erlen. Das Moor wird zum *Bruch* (vgl. Abb. 176).

Hält sehr feuchtes Klima den Boden des Bruchwalds naß, dann wuchert hier das Torfmoos. Voll Wasser gesogen wie ein Schwamm, läßt es keine Luft in die unter ihm liegenden Schichten und tötet damit die meisten anderen Pflanzen wieder ab; sogar die Bäume. Auch das Moos stirbt ständig im selbstgeschaffenen Feuchtraum dahin. Es verrottet von unten her. Aber oben wächst das große dunkelgrüne Polster weiter und weiter und hebt die Oberfläche des elastischen Bodens schließlich weit über den Grundwasserspiegel, den ehemaligen Seespiegel hinaus. Ein *Hochmoor* hat sich gebildet (vgl. Abb. 170). Hochmoore entstehen im überfeuchten Klima auch dort, wo es niemals einen verlandenden See gegeben hat. Auf dem ständig nassen Boden siedelt sich ganz von selbst eine Moosdecke an. Weite Teile der regenreichen nordeuropäischen Bergländer, Nordschottland beispielsweise und Nordskandinavien, sind noch heute ausgedehnte Hochmoorgebiete (vgl. Abb. 166). Man muß sie im Herbst besuchen, wenn ihr sattes Grün in erdiges Braun und tiefes Purpur übergeht, das bis zum Violetten hin spielt. Dann sind die endlosen Moore des hohen Nordens am prächtigsten. Es ist keine verspielte, heitere Pracht wie etwa im herbstlich-sonnigen Mittelmeerraum. Es ist eine düstere Peer-Gynt-Landschaft von ergreifender Größe. Reglos breitet sich das Moor mit seinem Moos und seinen kurzen harten Gräsern unter

114 Im Boden eines mächtigen, über hundert Meter aufragenden Felsenkessels tritt in der Nähe des Juraörtchens Mouthier-Haute-Pierre der Höhlenfluß Loue ans Tageslicht.

115 In den westlichen Pyrenäen, südlich von Mauléon, finden sich nahe beieinander zwei beeindruckende Natursehenswürdigkeiten, die faszinierende Kakouetta-Schlucht bei Sainte-Engrâce und, 1050 Meter höher, der Gouffre von Pierre-Saint-Martin, die zweittiefste europäische Schachthöhle. In die Schlucht ergießt sich als Entwässerung einer anderen Schachthöhle ein kleiner Höhlenbach.

dem Wind. Darüber wölbt sich kein hoher Himmel. Statt dessen jagt ruhelos eine tiefhängende zerfetzte Decke aus schweren dunklen Wolken über das Land. Der Lebensraum zwischen Erde und Himmel ist flach wie eine dünne Schale aus Luft. Das Horizontale betont die endlose Weite der Landschaft, und diese Weite unterstreicht die Monotonie des Moores derart, daß sie den Menschen fast körperlich berührt. Auf einmal reißt der Sturm für Sekunden ein Loch in den Wolken auf. Wie aus einer anderen Dimension dringt schräg von oben ein Bündel Sonnenstrahlen auf das Moor und weckt seine tiefen, satten Farben. Die Sinne ahnen, daß unendlich hoch über den Wolken der Himmel ist. Aber die Seele weiß, daß der Himmel und dieses grenzenlose Moor in Wirklichkeit eins sind: Schöpfung.

Wie ein See verlandet, dafür findet sich in der südlichen Bretagne, unmittelbar nördlich der Loire-Mündung, ein beredtes Beispiel. Dort liegt die Grande Brière. Auf der Landkarte fällt auf, daß hier mitten im Festland überall Inseln verzeichnet sind: Ile de Fédrun, Ile de Mazin, Ile de Ménac, Ile de Pendille... Wer dem Rätsel auf die Spur kommen will, der fahre vom Städtchen Saint-Nazaire aus nach Norden; erst auf der N 771, dann auf der D 50 und biege nach insgesamt 15 Kilometern westlich zur Ile de Fédrun ab. Das Sträßchen führt durch ausgedehntes Moorland, durch Wälder aus Schilf, und das urtümliche kleine Fischerdorf liegt auf Fédrun in der Tat wie auf einer Insel. Vor Zeiten war die ganze Grande Brière ein großer Golf, wie jener von Morbihan weiter im Norden. Die Loire und die Vilaine haben ihn zugespült. Jetzt ist er weitgehend verlandet. Aber noch zeichnen sich im Flachmoor und im Sumpf die alten Inseln des Golfs deutlich ab.

Ähnliche Küstensümpfe bedeckten früher große Teile Westitaliens und gaben dem Land ein einzigartiges Gepräge. Schon sehr zeitig entwässerte sie der Mensch, nicht zuletzt um der Malaria zu begegnen. 750 Quadratkilometer Sumpfland erstreckten sich allein südöstlich Roms, die Paludi Pontine, die seit 1939 vollständig trockenliegen. Heute haben die Städte Latina, Pontinia und Aprilia ihren Platz eingenommen. Ein winziger Rest der feuchten Urlandschaft ist Italien neben einigen anderen in den Maremmen, den Sümpfen in der Ebene von Grosseto an der Ombrone-Mündung erhalten geblieben. Sie sind heute ein mehr schlecht als recht verwaltetes, herrliches Naturschutzgebiet (vgl. Abb. 178). Hier findet sich noch ein beachtlicher Reichtum an Silberreihern, Stelzenläufern, Kiebitzen und anderen Sumpfvögeln. Hier pirschen noch Wildschweine durch suhliges Unterholz und die schilfbestandenen Flußufer. Aber unmittelbar am Zaun des weiten Reservats – und leider allzuoft auch dahinter – liegen die Geschoßhülsen der wildernden Sonntagsjäger im Sand. Muß das sein? Man muß einmal erlebt haben, wie unbeschreiblich brutal diese Burschen und erwachsenen Männer im Herbst mit gefangenen Zugvögeln umspringen, die längs der Küste nach Süden fliegen. Zehntausende angeschossener Vögel verenden jedes Jahr jämmerlich irgendwo im Korb eines dieser Heckenschützen oder – unaufgefunden – im Küstenwasser. Doch nicht genug damit. Die am wenigsten verletzten Vögel dienen, an eine lange Leine gebunden, als Lockmittel für vorbeiziehende Artgenossen, die in der Nähe des armen Opfers am Strand einfallen wollen. Kann der Vogel nicht mehr stehen, vielleicht, weil ihm ein Bein abgeschossen ist, dann ersetzt ein der lebenden Kreatur in den Bauch gerammter Stock die Funktion des fehlenden Gliedes. Das andere Ende wird einfach in den Sand gesteckt. Und so flattert der Geschundene verzweifelt und lockt in seinem Todeskampf ahnungslose Gefährten an. Gut, daß es längs der Küste wenigstens einige geschützte Rastplätze für die durchreisenden Zugvögel gibt. Zum Beispiel die Maremmen bei Grosseto.

Italien ist für seinen Vogelmord berüchtigt. Völlig unverdienterweise ist Frankreich bisher kaum ins Gerede gekommen. Aber an der südlichen Atlantikküste dieses Landes geht es nicht viel humaner zu. In den Landes, der ausgedehnten Dünen-, Kiefern- und Lagunenlandschaft zwischen Biarritz und Bordeaux, gehen die Fallensteller um, in deren Netzen sich die Gefiederten zu Tode zappeln. Glücklicherweise ist die grausame Unsitte in Frankreich lokal begrenzt. In anderen Gebieten dieses Landes erfreuen sich Vogelschutzgebiete großer Beliebtheit und werden jährlich von Zehntausenden naturliebender Urlauber besucht. Einer dieser Parks ist zugleich ein sehr ungewöhnliches Feuchtgebiet: die *Dombes*, nördlich von Lyon. Rund tausend flache sumpfige Seen liegen hier in einem Gebiet von knapp 30 mal 30 Kilometern. Es ist ein Paradies aus zweiter Hand. Noch im Mittelalter füllte Ackerland die weite Ebene. Dann aber fanden Bauern heraus, daß sich der wasserundurchlässige Boden ihrer Felder leicht

116 Auch aus der aktiven Wasserhöhle von Baume-les-Messieurs östlich von Lons-le-Saunier im Französischen Jura fließt ein ansehnlicher Höhlenbach. Das sehr kalkreiche Wasser hat auf seinem weiteren Lauf Sinterleisten im Bachbett abgeschieden…

117 ... Im Innern der Höhle von Baume-les-Messieurs erwarten den Besucher prächtige Tropfsteingebilde. Der Höhlenquerschnitt zeigt überall schöne Beispiele von der Arbeit des Wassers.

118 Die erst 1971 bei Sprengarbeiten in einem Steinbruch entdeckte Eberstadter Höhle im Odenwald, acht Kilometer südöstlich von Buchen, war als erste bekannte Tropfsteinhöhle in diesem Gebiet eine Überraschung. Ihre Besonderheit sind die fast ebenen Höhlendecken.

überfluten ließ und daß die Teichwirtschaft weniger Arbeit machte als das Bestellen der Äcker. Ab dem 14. Jahrhundert setzten sie das Land unter Wasser. Im 16. Jahrhundert umfaßte die Dombes fast 2000 Seen. Dieser übertriebene Eingriff in die Natur rächte sich. Das Klima wurde feucht und ungesund, und bis zum 19. Jahrhundert lag die durchschnittliche Lebenserwartung der Dombes-Bewohner tiefer als irgendwo sonst in Frankreich. Deshalb setzten sich die Mönche von Notre-Dame-des-Dombes für eine teilweise Trockenlegung ein. Heute ist die Hälfte der Teiche und Seen wieder verschwunden und die Landschaft ist gesundet. Noch immer prägen 12000 Hektar Wasserfläche ihr Gesicht (vgl. Abb. 173 und 174). Das Besondere an ihnen: Sie wechseln nicht nur räumlich mit fruchtbaren Feldern ab, sondern auch zeitlich! Die meisten Flachseen der Dombes werden alle paar Jahre »umgefüllt«. Bisherige Felder können sich unter Wasser regenerieren und liefern im Herbst reiche Fischernten, bisherige Seeböden werden zu nahrhaftem Ackerland. Was wie eine Vergewaltigung der Natur klingt, hat zu einer der reizvollsten und biologisch vielseitigsten französischen Sumpflandschaften geführt.

Amphibisches Land

Nicht immer ist der Eingriff des Menschen schädlich. Viele bayerische Moore in den Voralpen- und Donauniederungen wären beispielsweise als typische Feuchtlebensräume seit langem verschwunden, wenn nicht kommerzielle Torfabbaugesellschaften immer wieder freie Wasserflächen geschaffen hätten, bereit zur neuen Verlandung. Zugleich mit dem natürlichen Austrocknen der zuwachsenden Moore drängt ja der Wald vor und macht der typischen Moorflora den Lebensraum streitig. Pflanzenarten, die sonst nur in den Polarregionen, in Sibirien oder den Hochgebirgen vorkommen, weil sie im Moor genau wie dort unter Extrembedingungen leben, würden in Mitteleuropa aussterben, wenn der Mensch nicht gelegentlich auch durch seine Eingriffe für den Fortbestand der Feuchtgebiete sorgen würde.

Daß sich in Mooren und Sümpfen seltene Pflanzenarten wie auf Inseln oft über Jahrzehntausende hinüberretten können, dafür gibt es vor allem in den Hochmooren der Mittelgebirge unzählige Beispiele. Zugleich sind diese Landschaften im Schweizer und Französischen Jura, auf den Höhenzügen der Vogesen und des nördlichen Schwarzwaldes, im Harz und im Vogelsberg und im Hohen Venn in Belgien ungewöhnlich reizvoll. Sie alle lohnen einen Besuch, das Hohe Venn in den Ardennen zwischen Eupen und Malmedy ist einen Urlaub wert. Mit hohen Schaftstiefeln ausgerüstet von der Baraque-Michel oder vom Signal de Botrange aus Kilometer um Kilometer auf schmalen Pfaden in die fast knietiefen Sümpfe einzudringen, umgeben von warmer spätsommerlicher Sonne oder von den ersten über das Moor kriechenden Herbstnebeln, aus denen hie und da majestätisch eine einzelne Fichte auftaucht, das ist ein unvergeßliches Erlebnis.

Daß Sumpfgebiete botanische Raritäten beherbergen, zeigt sich einmal mehr an den Ufern der Ciane-Quelle bei Syrakus. Hier wächst seit Menschengedenken Papyrus (vgl. Abb. 177). Niemand weiß, ob die malerischen Stauden als Überbleibsel einer früheren Vegetation heimisch geblieben sind, oder ob vor vielleicht mehr als zwei Jahrtausenden Griechen oder Araber sie aus dem Orient eingeschleppt haben. Wie dem auch sei, im Sumpf des Quellflüßchens hat sich die in Europa einmalige Pflanze bis heute erhalten. Jetzt wollen Industrie und Landwirtschaft das Wasser des Ciane ableiten. Wenn der Naturschutz nicht rechtzeitig eingreift, ist das für das sizilianische Naturkleinod ein Todesurteil.

Außer den weiten Mooren Nordeuropas sind dem Kontinent nur noch drei wirklich ausgedehnte Sumpfgebiete erhalten geblieben: das Land um den Neusiedlersee im östlichen Österreich, die Camargue im Rhône-Delta und die Coto Doñana an der Mündung des Guadalquivir nahe der spanisch-portugiesischen Grenze.

Ein Hochgebirge wird Flachsee

Die Entstehungsgeschichte des Neusiedlersees ist noch weitaus ungewöhnlicher als die der Dombes.

Als sich vor etwa 60 Millionen Jahren die europäischen Gebirge auffalteten, setzte sich die Kette der Alpen ohne Unterbrechung in den Bergzug des Kaukasus fort. Das Zentrum des 2000 Kilometer langen Gebirgsmassivs lag ziemlich genau dort, wo sich heute der Neusiedlersee erstreckt. 30 Millionen Jahre später sanken große Teile des Gebirgsbodens in die Tiefe. Im Gebiet von Wien und östlich davon bildeten sich große Meeresbecken, die mit dem Adriatischen Meer im Süden und dem Kaspischen See im Osten Verbindung hatten. Die Zone um den heutigen Neusiedlersee blieb zunächst als Inselgebirge in diesem Binnenmeer stehen. Später sank auch sie ab.

119 Zu entscheiden, welche der vielen herrlichen Tropfsteinhöhlen Europas die schönste sei, wäre vermessen. Jede Höhle hat ihre besonderen Reize. Mit Sicherheit eine der formreichsten, faszinierendsten und zugleich mächtigsten ist die Grotta di Castellana in Apulien, die das Italienische Institut für Speläologie nicht umsonst als seinen Sitz gewählt hat. Das Foto zeigt interessante Wandversinterungen.

120 Das kleine liebenswürdige Höhlchen »Grotte-Chapelle Notre Dame de Remonot« im Doubstal (Französischer Jura), 20 Kilometer nordöstlich von Pontarlier, ist einen Abstecher wert. In seiner Eingangshalle ist eine Wallfahrtskapelle untergebracht. Dahinter führt längs eines Höhlenbachs ein kurzer Gang in den Berg, der bei diesem meist spärlich tröpfelnden und versinterten Wasserfall endet...

Sogar die höchsten Bergspitzen gerieten unter Wasser, und aus den einstigen Tälern wurden Tiefseegräben, die sich nach und nach mit Meeresablagerungen füllten. Erst vor etwa zwei Millionen Jahren erhob sich das Gebiet wieder, aber inzwischen war es durch Sedimente vollkommen eingeebnet. Geologen haben mit Tiefbohrungen das »unterirdische Gebirge« neu entdeckt: Bei Podersdorf stießen sie 377,5 Meter unter der Erdoberfläche auf einen alten Granithöhenrücken. Nur sieben Kilometer weiter südöstlich bohrten sie in ein ehemaliges Tal. Hier fand sich nämlich erst in 1624,5 Metern Tiefe Granitgestein. Unter dem sumpfigen Boden des Neusiedlersees und des angrenzenden Seewinkels liegt also ein regelrechtes Hochgebirge! Der See selbst ist übrigens erst in erdgeschichtlich allerjüngster Zeit entstanden, vor etwa 10000 Jahren, als sich das Gebiet erneut leicht abzusenken begann und die heute wassergefüllte flache Mulde bildete. Seit Jahrzehnten nimmt die Wassertiefe des knapp 30 Kilometer langen Neusiedlersees und der rund 80 kleinen Teiche im Seewinkel übrigens wieder ab. Anfang des Jahrhunderts lag sie noch bei etwa fünf Metern. Heute dürfte sie kaum irgendwo mehr als zwei Meter betragen (vgl. Abb. 175). Das flache Wasser des Neusiedlersees und der umliegenden »Lacken« ist sehr salzhaltig. Kochsalz, Glaubersalz, Soda und Kalksalze haben sich im Laufe der Zeit in den verschiedenen Gewässern angereichert. Schon deshalb lassen die Sumpfgebiete an den Küsten eine ungewöhnliche Flora und Fauna vermuten. Und genau so ist es auch: Hier wachsen Salzpflanzen, die sonst nur in den Steppen Ungarns, der Puszta, am Kaspischen Meer oder gar am Aralsee vorkommen; hier gibt es asiatische Steppentiere wie die russische Tarantel und Hunderte seltener Vogelarten. Und hier fühlen sich schließlich auch die Zigeuner wohl, Wanderer zwischen den Welten, die überall zu Hause sind und nirgendwo eine Heimat haben, Kinder der Natur in einer der letzten urtümlichen Feuchtlandschaften Europas.

Zigeunerhochburgen sind auch die beiden anderen großen europäischen Sumpfgebiete, die Camargue und die Coto Doñana. Beides sind Extremlandschaften aus Wasser und Wind, Dürre und sengender Sonne. Leben und Tod liegen hier ebenso nahe beieinander wie in allen Extremlandschaften. In vielen sind sie sich sehr ähnlich, die Camargue und die Doñana, und doch unterscheidet sie manches.

Die Camargue – Schwemmland im Rhônedelta

22 Millionen Kubikmeter Kies, Sand und Schlamm lagert die Rhône jedes Jahr vor ihrer Mündung ab und schiebt dabei die Küste ihres Deltas 10 bis 50 Meter weiter ins Mittelmeer hinaus. Dieses Deltagebiet ist die Camargue, 56000 Hektar Sumpfland, das im Winter zum Teil vollkommen unter Wasser steht, im Spätsommer als Trockensteppe in der Sonne verdorrt. Weite Gebiete im Norden der Camargue nutzt heute die Landwirtschaft. Dort gedeiht Reis. Doch der Süden dieser Insel zwischen zwei Rhônearmen und dem Meer ist ein 13000 Hektar großes Naturreservat. Auch dessen unmittelbare Umgebung hat noch den ursprünglichen Landschaftscharakter bewahrt. Ausflüge zu Pferd in die Camargue lassen sich jederzeit an Ort und Stelle arrangieren. Das eigentliche Schutzgebiet dürfen aber nur Naturforscher und Wissenschaftler betreten. Sie müssen zuvor eine schriftliche Genehmigung beim Direktor des Reservats (derzeit Professor Tallon), in der Rue Honoré-Nicolas in Arles einholen.

Die Camargue ist ein Vogelparadies. Im Frühjahr brüten hier riesige Kolonien von Wasservögeln. Den feuchten Uferboden der großen Lagune von Vaccarès zeichnen Tausende von Spuren. Jeder Quadratmeter des Sumpflandes lebt hier. Ende April ist die große Zeit des Geborenwerdens für die Vogelwelt weitgehend vorbei. Ab Mai beginnen die weiten Flächen der Seen auszutrocknen. Zuerst geht auch das noch mit einem kräftigen Schub frischen Lebens einher: Die Inseln werden von Tag zu Tag größer, und aus den vom Wasser freigegebenen Böden bricht allenthalben ein dichtes sattgrünes Kleid seltener Pflanzen hervor. Die halbwilden weißen Camarguepferde ziehen durch das weite Sumpfland, und da und dort grast eine kleine Herde glänzend schwarzer Stiere (vgl. Abb. 179). Von Tag zu Tag wird es jetzt heißer. Die Zeit der Frühjahrsregen ist vorbei, die Rhône führt weniger Wasser und die Verdunstung nimmt zu. Die Lagunen geben nackten Schlammboden frei, der bald austrocknet und in Hunderttausende kleiner Tafeln zerbirst (vgl. Abb. 180). Manchmal bilden sich gleißend weiße Salzkrusten auf dem harten Boden. Heißer Wind streicht über die endlosen Flächen und saugt die letzten Wassertropfen aus der rissigen, durstigen Erde. Der große grüne Sumpf wird zur trockenen, grauen Steppe, höchste Zeit für die Zugvögel, die hier überwintert haben, in ihre Sommerquartiere zu ziehen. Mit ihnen wandern auch die Zigeuner wieder in die Welt hin-

121 ...In derselben Grotte, unmittelbar rechts hinter dem Altar, findet sich eine schöne Wandversinterung.

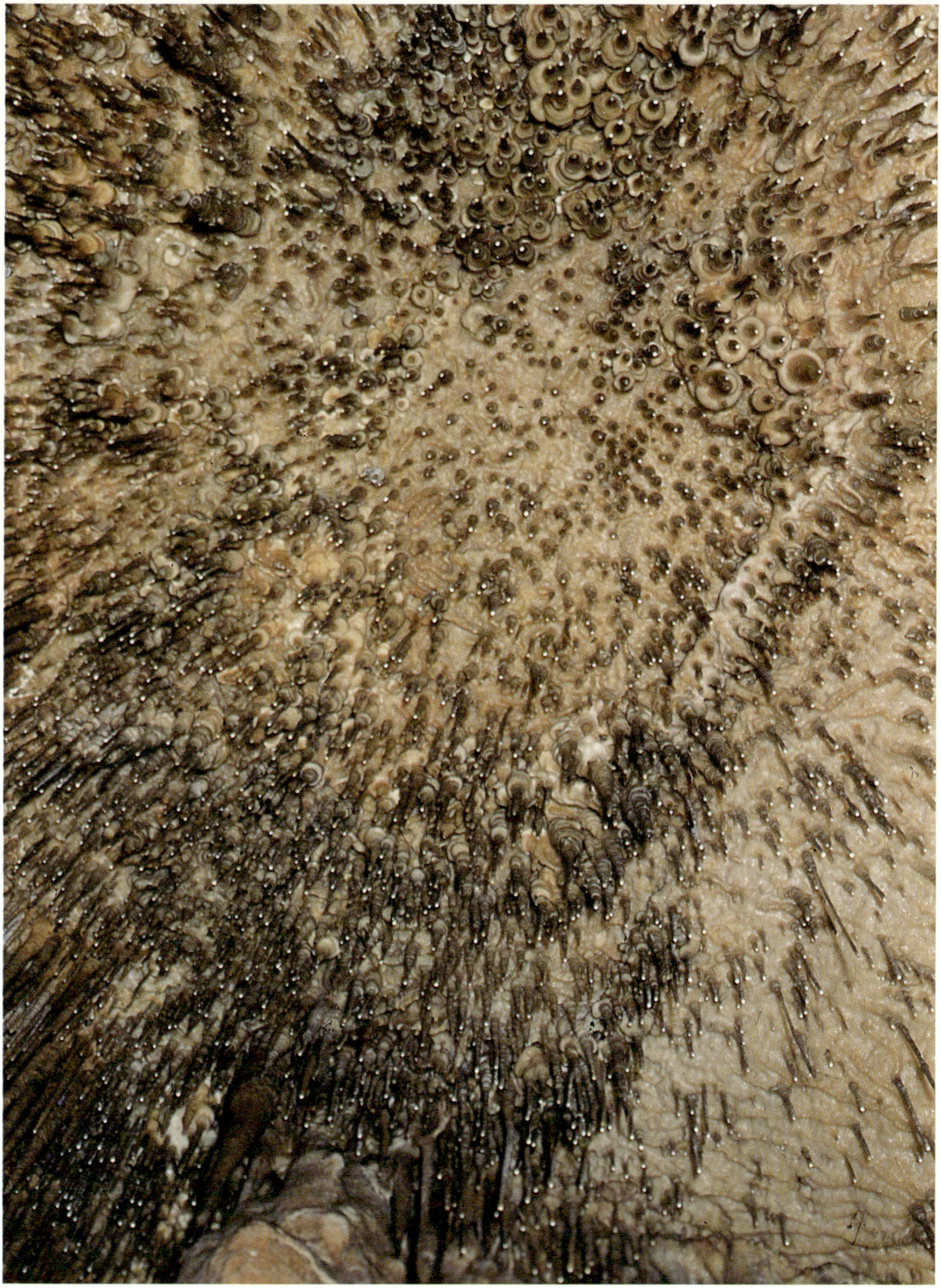

122 Deckenzapfen in der Grotte de Médous bei Bagnèrs-de-Bigore in den Pyrenäen. Am Ende jedes Röhrchens glitzert ein Wassertropfen. Die Ansatzstellen der Tropfsteine sind vielfach wulstig verdickt.

aus, die aus aller Herren Ländern am 24. und 25. Mai zu ihrer großen und berühmten Wallfahrt im kleinen Camargue-Ort les Saintes-Maries-de-la-Mer gekommen waren.

Coto Doñana – Europas größtes Vogelparadies

In der Coto Doñana pilgern sie zur Jungfrau von El Roció, die Zigeuner, zur weißen Taube und Königin der Marschen, wie sie sie nennen. Das bunte Bild ist das gleiche wie in der Camargue. Die melancholischen und zugleich wilden Klänge der Gitarre, die Lieder aus schwermütiger Leidenschaft, Schicksal und Lebensfreude, die ekstatischen Tänze. Kinder mit großen ausdrucksvollen Augen, traurig oder voller Glück über ein buntes Stück Stoff. Frauen mit sprechenden Händen. Familien am abendlichen Lager. Szenen tiefer gläubiger Frömmigkeit. Szenen auch voller Unruhe und Unrast. Das Leben der Söhne und Töchter der Straße ist unstet und doch in sich selbst geschlossen, sich selbst immer gleich. Es ist nicht romantisch. Es ist hart.

Genauso ist die Landschaft der Doñana: nicht romantisch, sondern hart und unstet, und doch sich selbst immer gleich. Voller extremer Gegensätze, die sich zu einem einzigen Ganzen zusammengefunden haben. Längs des Meeres dehnen sich weite sandige Dünenwüsten, deren vom Wind bewegte Ausläufer unvermittelt in hohen Strandkiefernwald einfallen. Dahinter liegen kleine und große Lagunen, Quellen bunten, vielfältigen Lebens. Dann kommt die Heide, sandiger Boden mit einem undurchdringlichen Kleid aus niedrigem Buschwerk. Dazwischen immer wieder kahle Flächen. Zu guter Letzt schließen sich die Marschen an, soweit das Auge reicht. Endlos. Zeitlos.

50000 Hektar Sumpfland, genau am strategisch wichtigsten Punkt der großen Zugvogelstraßen, dort, wo Europa und Afrika sich am nächsten kommen, das ist die Coto Doñana. Von hier ziehen die gefiederten Schwärme nach Nordfrankreich, den Britischen Inseln, Skandinavien, Deutschland und Norditalien. Von hier ziehen sie nach West-, Zentral-, Südost- und Südafrika, ja bis zu den Inseln vor der Karibik. Aber Jahr für Jahr geben sie sich hier wieder ein Stelldichein, im größten Vogelparadies Europas: Wildenten und Wildgänse aus Skandinavien und Rußland, Bienenfresser aus Äthiopien, Silberreiher aus Zaïre, Flamingos vom Viktoriasee, Störche aus Südafrika, spanische Kaiseradler und Gänsegeier. Die Liste der Zug- und Brutvögel der Doñana umfaßt rund 180 verschiedene Arten. Aber die Sümpfe im Guadalquivir-Delta sind auch die Heimat in Europa selten gewordener Säugetiere. Hier leben noch Stachelschweine, Fischottern, Mungos, Ginsterkatzen und sogar Luchse.

Und mit ihnen lebt hier noch ein Stück europäischer Wildnis.

Die Coto Doñana ist Naturreservat, und wer sie besuchen will, braucht eine schriftliche Genehmigung. Sie wird nach rechtzeitiger Voranmeldung von der Verwaltung der Estación Biológica Doñana, Paraguay 1, in Sevilla erteilt.

123 Dicht an dicht drängen sich lange Stalaktiten an der Decke der »Weißen Grotte«, einem der prächtigsten Räume der Grotta di Castellana.

124 In einer Tropfsteinkammer der Eberstadter Höhle (vgl. Abb. 118) hat sich ein kleines Sinterbecken gebildet.
125 Sehr ungewöhnlich ist die Ausbildung von Calcitkristallen an einer Höhlendecke. Vermutlich lag der Abschnitt dieses Ganges in der Grotta di Castellana bei der Entstehung der Kristalle unter Wasser.

»Ein immer neues Wunder ist für mich das Meer«

(Walt Whitman)

Etwa alle 4000 Jahre kehrt jeder Wassertropfen der Erde dorthin zurück, woher er ursprünglich kam: ins Meer. Ob er in einem Höhlengerinne tief unter der Erde mitfließt, ob er in einem alpinen Hochmoor liegt, als Saft in den Baum aufsteigt oder als Blut durch den menschlichen Körper kreist, in durchschnittlich vier Jahrtausenden findet er seinen Weg ins Meer zurück. Das Meer ist die Quelle aller Feuchtigkeit der Welt und damit zugleich die Quelle allen Lebens. Woher aber kommt das Meer selbst?

Woher das Meer kommt

Das glutflüssige Erdinnere hat es ausgeschwitzt, zum Teil schon, als die Erdkruste erstarrte, zum Teil noch heute; denn immer noch fördert jeder Vulkanausbruch gewaltige Wasserdampfmengen. Merkwürdig ist, daß die Ozeane im Laufe der Erdgeschichte nicht nur gestiegen sind. Mehr als einmal zogen sie sich weit zurück und gaben große Landmassen frei, um sie später wieder zu überfluten. Eine Erklärung dafür liefert das wechselhafte Klima. Waren gewaltige Eismassen an den Polen gebunden, dann lag der Meeresspiegel natürlich niedriger als in Warmzeiten. Aber diese Tatsache allein genügt nicht, um die immensen Schwankungen des Meeresspiegels zu begründen. Würden heute die Polkappen und sämtliche Gletscher der Welt vollständig abschmelzen, dann würde das Meer um 20 bis 50 Meter steigen und ein Viertel des Festlands überfluten. Vor 250, mehr noch vor 350 Millionen Jahren hoben sich die Spiegel der Ozeane aber so mächtig, daß ganz Amerika zeitweise nur als Inselkette aus dem Wasser ragte. Dann wieder fielen die Meere so stark, daß eine Landbrücke Alaska mit Rußland verband und eine andere von China aus fast bis nach Australien reichte. Konnten sich wirklich die Wassermassen selbst derart verändern? Wahrscheinlicher sind gewaltige Hebungen und Senkungen der Meeresböden, die Wasser verdrängten oder zurückströmen ließen.

Beteiligt mag auch die vulkanische oder tektonische Geburt riesiger unterseeischer Gebirgsketten sein, die dem Wasser seinen Raum streitig machten. Der relativ junge Bergzug des Mittelatlantischen Rückens beispielsweise ist immerhin 12000 Kilometer lang und 800 Kilometer breit. Mit diesen Ausmaßen vermag er schon beachtliche Wassermassen zu verdrängen. Im Grunde sind die Schelfmeere, die küstennahen Flachwasserzonen der Ozeane also, nichts anderes als überflutete Kontinentalgebiete. Dazu gehört unter anderem das ganze Nordseebecken. Auch heute steigt das Wasser der Weltmeere weiter, zur Zeit etwa 20 Zentimeter in hundert Jahren, diesmal aber bedingt durch das schmelzende Eis an den Polen.

Das ständige Auf und Ab der Meere in der Erdgeschichte und das lokale Sichheben und Sichsenken großer Kontinentalgebiete blieb natürlich nicht ohne Folgen auf das Gesicht des Festlands. Mächtige Sedimentlager entstanden in den küstennahen Gewässern, Felsengestade verwitterten und das Meer trug sie ab.

Küsten – Land im Wandel

Wer Bilder wie unsere Abbildungen 188 bis 192 sieht, wer in natura erlebt, wie sich bei stürmischem Wetter haushohe Wellen an bizarren Küsten brechen und dabei Kies und Gesteinsbrocken wie Geschosse gegen die Klippen schmettern, der traut diesen Naturgewalten ohne weiteres zu, daß sie Felsmauern zertrümmern und Berge abtragen können. In Wirklichkeit können sie es nicht. Ein paar einfache Überlegungen beweisen das.

Über welche Energien verfügt das Meer überhaupt, und wie grei-

126 Das »Kristallbeet« in der Grotta di Castellana ist unter dem Wasserspiegel eines jetzt angeflossenen Höhlensees herangewachsen. Oberhalb des kleinen Gewässers bildete sich ein normaler Stalagmit.

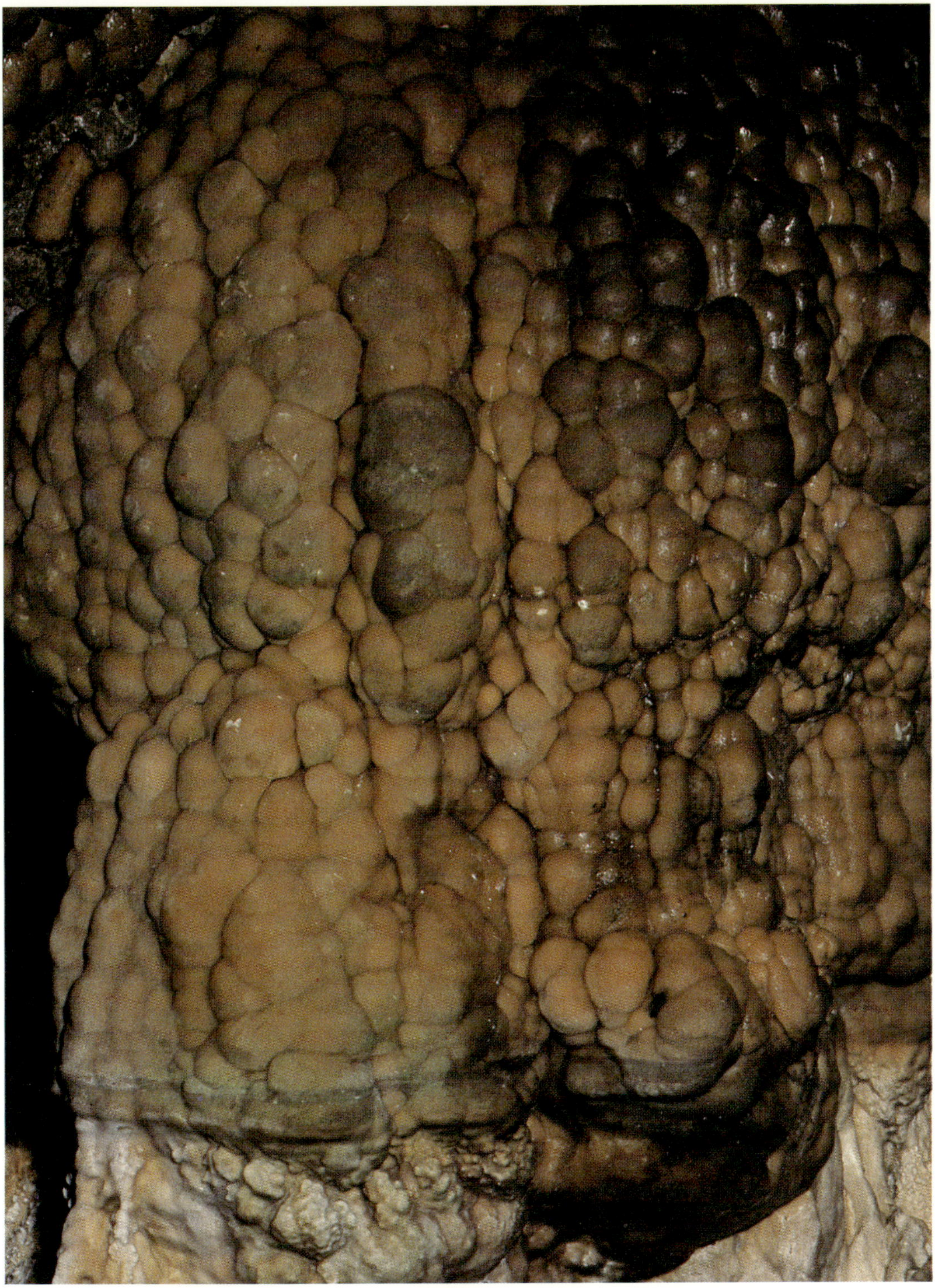

127 Zu den merkwürdigsten Formen der unterirdischen Welt gehört der Knollensinter. Er entsteht in wassergefüllten Gängen. Besonders reich an Sinterknollen jeder Größe sind die in ihrer Art einzigartigen Höllgrotten bei Baar in der Schweiz, unweit der Stadt Zug...

fen sie an? Am auffälligsten sind natürlich die Wellen. Sie entstehen weit draußen auf offener See als Sturmwellen, die der Wind aufpeitscht. Ihre Höhe hängt nicht allein von der Windstärke ab. Entscheidend ist, wie weit der Sturm eine Welle verfolgen und dabei ständig aufschaukeln kann. Heftiger Wind, der mit einer Geschwindigkeit von 55 Kilometern pro Stunde über eine 20 Kilometer breite Meeresbucht streicht, bringt zwei Meter hohe Wellen auf.

Fegt er über 100 Kilometer offenes Meer dahin, dann wachsen die Wellenberge schon auf das Doppelte, und nach 500 Kilometern türmen sie sich sechs Meter hoch auf. Starker Sturm, der mit 90 Kilometern pro Stunde bereits Bäume umbricht, kann in den Weiten des Ozeans bis zu 13 Meter hohe Wellen aufwirbeln, wozu er Wasserflächen von 1000 bis 2000 Kilometern braucht. Noch höhere Sturmwellen wurden auch bei vollem Orkan nicht beobachtet.

Sind Wellen erst einmal geboren, dann wandern sie auch bei anschließender Windstille noch viele Hundert Kilometer als sogenannte Dünung weiter, mit Riesengeschwindigkeiten von 35 bis 50, manchmal bis zu 100 Kilometern pro Stunde. Dabei bewegt sich keineswegs das Wasser selbst. Was wandert, ist nur die Form der Welle, ähnlich wie in einem wogenden Getreidefeld, über das der Wind streicht. Hier laufen ja auch nicht die einzelnen Halme fort. Sie bewegen sich nur rhythmisch auf und ab. Die Wasserteilchen, die eine Welle überrascht, beschreiben genaugenommen einen Kreis. Sie heben sich, treiben mit der Welle ein Stück voran, sinken auf dem Wellenrücken wieder ab und gleiten zurück. Dabei ist der Kreisdurchmesser so groß, wie die Welle hoch ist. Damit die Welle ungestört fortlaufen kann, braucht sie Wassertiefen von 150 bis 200 Metern unter sich. So weit reicht ihre Wirkung hinab. Wird das Wasser in Küstennähe flacher, dann verzerrt sich der Kreis, den die Wasserteilchen durchlaufen, mehr und mehr zu einer flachen Ellipse, die schließlich instabil wird und zusammenbricht: Die Welle überschlägt sich.

Brandungswellen können sich wild aufbäumen und sechs bis sieben Mal so hoch werden wie die Sturmwellen auf dem offenen Meer. Ihre Energie ist gewaltig. Meeresforscher haben einmal errechnet, daß eine einzige, 150 Kilometer breite und nur 1,2 Meter hohe Brandungswellenfront genügend Energie enthält, um eine Stadt mit 400 000 Einwohnern 24 Stunden lang mit Strom zu versorgen.

Trotzdem, die eigentliche küstengestaltende Kraft liefert die Brandung nicht. Was vermag schließlich selbst ein 20 Meter hoher Brecher gegen eine 200 oder 300 Meter hohe Felswand auszurichten (vgl. Abb. 181, 182, 185 und 193)? Hier sind andere, viel weniger spektakuläre aber weitaus wirkungsvollere Kräfte am Werk. Der hochschäumende Gischt, die bis in die höchsten Höhen feuchte Meeresluft (vgl. Abb. 205), durchnässen das Gestein, weichen es auf, lösen Salze heraus und zermürben es. Frostsprengung trägt das ihre dazu bei. Der gewachsene Fels wird hoch über der Brandungszone bröcklig und rissig (vgl. Abb. 183, 186 und 188) und stürzt schließlich ein. Erst jetzt setzt die abtragende Kraft des Meeres ein. Sie schwemmt den Schutt zu Füßen der morschen Mauern fort. Zuweilen unterspült sie auch die Wände und erleichtert es damit dem zermürbten Gestein, von oben nachzubrechen (vgl. Abb. 190, 192 und 193).

Die abtragende Wirkung der Brandungswellen an Steilküsten unterstützen noch zwei andere Wasserkräfte: die Gezeiten und die Meeresströmungen. Ebbe und Flut machen sich auf offener See nur in etwa 30 bis 60 Zentimetern Höhenunterschied des Meeresspiegels bemerkbar. In engen Buchten kann diese Differenz durch den Stau des anströmenden Wassers aber auf mehrere Meter anwachsen, in Extremfällen auf 10 oder gar 20. Dadurch wächst auch der Einflußbereich der Trümmergestein abtragenden Brandung. Was sie bei Ebbe nicht erreicht, spült sie bei Flut fort. In den weichen flachen Boden des norddeutschen Wattenmeers haben die Gezeitenströme bis zu 20 Meter tiefe Abflußkanäle, sogenannte Priele, gegraben. Felsigen Grund vermögen sie kaum zu zerfurchen. Dafür fließen sie mit 3,5 Kilometern pro Stunde zu langsam. Das gleiche gilt für Meeresströmungen wie den Golfstrom, der mit gutem Fußgängertempo (6 bis 7 Kilometer pro Stunde) an Europas Westküsten entlangstreicht. Auch er vermag allenfalls Gesteinsschutt fortzuspülen.

Die Erosionsformen, die Luftfeuchtigkeit und Frost, Wind und Wellen an Europas Gestaden geschaffen haben, sind sehr unterschiedlich. In erster Linie hängen sie vom Gestein ab, aus dem sich eine Küste aufbaut. Geschichtete Sedimentgesteine liefern mit Abstand die beeindruckendsten Steilküsten, die schroffsten Klippen, die bizarrsten Türme, Bögen und Brücken (vgl. Abb. 181 bis 186, 190 bis 195 und 200). Das liegt daran, daß in dem Gefüge aus ver-

128 ...Hier tauchte ein Stalaktit in den Höhlenbach. Eine Wasserstandsmarke entstand, und unter der Wasseroberfläche bildete sich Warzensinter.

129 Sinterkaskade im oberen Gangsystem der Grotte de Médous (vgl. Abb. 122). Solche Gebilde entstehen, wenn wenig Wasser führende Höhlengerinne über eine Kante tropfen.

schieden harten Schichten stets die widerstandsfähigeren Decken stehenbleiben, wenn weichere Lagen darunter herauswittern. So bilden sich überhängende Platten, die dann mit glattem Bruch abstürzen (vgl. Abb. 186). Aus demselben Grund finden sich auch die steilsten Wände und elegantesten Felsennadeln der Alpen in geschichteten Sedimentgesteinsbergen wie den Dolomiten.

Malerische Küstenszenerien entstehen auch im Granit, etwa in der französischen Bretagne (vgl. Abb. 188 und 189) oder an manchen Gestaden Korsikas und Sardiniens. Hier sorgt die *selektive Erosion* für Abwechslung, die weichere Zwischenpartien, zum Beispiel aus Mergel, bevorzugt abträgt und die widerstandsfähigsten Kliffs und Türme am längsten stehenläßt.

Meeresböden und wie sie entstehen

Die Feuchtigkeit des Meers zerstört die Küsten, seine Wellen tragen den Schutt ab. An manchen Stellen der Britischen Inseln drängt das Meer die steilen Felsgestade Jahr für Jahr um mehrere Meter zurück. Aber das Meer vernichtet nicht nur. Es baut auch auf. Schließlich sind all jene Sedimentfelsen, die heute als vielbewunderte Naturschönheiten aus der Brandung aufragen, vor Jahrmillionen einmal auf dem Meeresboden entstanden. In Küstennähe schleift das Meer den Erosionsschutt zu runden Brocken ab, zermahlt ihn weiter und sortiert ihn. Auf dem Strand legt es – wenn vorhanden – Kies ab. Unmittelbar an der Uferbank folgt Sand, der sich im Meer bis etwa 10 Meter Wassertiefe fortsetzt (vgl. Abb. 204 bis 208). Wo weite Flächen Gezeitenstrand vorherrschen, wie an der Nordsee, schaltet sich noch das Watt, ein ausgedehntes flaches Schwemmland aus Sand, toniger Trübe und angespülten pflanzlichen und tierischen Resten ein. Weiter draußen im Meer, unter der Zehn-Meter-Tiefenzone, finden sich neben Sand vorwiegend Steinböden. Der gröbere Schutt von der Küste reicht nicht mehr so weit hinaus, und die feineren Schwebeteilchen werden von den Wellen immer wieder aufgewirbelt und fortgetragen. Unter 50 Metern Wassertiefe richten auch die Wellen kaum noch etwas aus. Hier lagern sich Ton- und Schlickteilchen ab. Noch tiefer schichten sich feinste Schwebestoffe, die auch die geringste Wasserbewegung aufrühren würde. Aus harten Wassern scheidet sich Kalkschlick auf dem Meeresboden aus, und auch Muscheln, Schnecken und Korallen bauen allmählich mächtige unterseeische Kalklager auf. Je dicker sie sind, desto mehr nimmt der Gesteinsdruck in ihren unteren Schichten zu. Dann verbacken sie, und manchmal verwandeln sie sich in andere Mineralien. Die dunklen Feuersteinbänder in der Kreide auf den Abbildungen 193 und 194 dürften so aus dem sehr reinen Kalkschlamm entstanden sein.

Auf die Zone der Küstenschlicke, die stellenweise bis auf 2700 Meter Meerestiefe hinabreicht, folgt die Tiefsee. Hierher gelangt kaum noch Erosionsmaterial von den Küsten. Abgestorbene Mikroorganismen sinken in sie hinab, Staub, den der Wind auf das offene Meer hinausgetragen hat, und Spuren von Meteoritenasche aus dem Weltall. In der Tiefsee bilden sich deshalb nur sehr langsam Sedimente: Ein Zentimeter Schlamm entsteht hier in tausend Jahren!

Ertrunkene Täler

Wie schon so oft in der Erdgeschichte werden später sehr wahrscheinlich auch die mächtigen Ablagerungen der heutigen Flachmeere Festlandboden. Sie werden sich heben. Dafür werden an anderen Stellen der Welt Gebirge in den Fluten der Ozeane versinken. Genauso ist das in Westskandinavien geschehen. Als die mächtigen Vergletscherungen der Eiszeit abschmolzen, stieg das Meer, und die Hochgebirgskette, die sich längs durch ganz Norwegen und Westschweden zieht, geriet teilweise unter Wasser. Nur die Gipfel ragen noch aus den Fluten (vgl. Abb. 202 und 203). Aus breiten und tiefen Tälern, einst von gewaltigen Eisströmen ausgeschliffen, sind lange, steilwandige Fjorde geworden (vgl. Abb. 197, 198 und 201).

Ganz ähnliches hat sich übrigens auch im Mittelmeer abgespielt, denn auch dort haben sich der Wasserspiegel und die angrenzenden Landmassen wiederholt gehoben und gesenkt. Das geschah keineswegs gleichmäßig, sonst wären nicht, ähnlich wie die alten Gletschertäler in Norwegen, Flußmündungen im Wasser versunken. Diese Mittelmeerfjorde sind relativ unbekannt geblieben, vielleicht, weil sie etwas abseits der großen Ferienstraßen liegen; sehr wenig nur, aber doch weit genug, um noch recht ruhig geblieben zu sein. Das gilt für die Calanques östlich von Marseille (vgl. Abb. 196) ebenso wie etwa für die Cala Pi im Süden Mallorcas (vgl. Abb. 199) oder den Fjord von Bonifacio auf Korsika (vgl. Abb. 200).

Trümmer und Ruinen sind die Meeresküsten unseres Kontinents: zerrissene und zerbröckelnde Felswände, von Wind und Wetter zer-

130 In unmittelbarer Nähe des steinernen Naturbogens Pont d'Arc (vgl. Abb. 87) liegt die kleine Grotte des Tunnels, die durch ihre schönen Wandversinterungen besticht.

131 Zu den meistbesuchten Höhlen Europas gehört die belgische Grotte de Han bei Han-sur-Lesse. Beeindruckend ist ihr gewaltiger, 150 Meter langer, 140 Meter breiter und 129 Meter hoher »Domsaal«. Unser Bild zeigt einen der prachtvollsten Stalagmiten der Höhle. Silbererze haben ihn taubengrau gefärbt, und an seiner Oberfläche glitzern Hunderte winziger Kristallfacetten.

nagter Granit, Flächen zu Sand zerriebenen und kleingemahlenen Gesteins, abgesunkene Berggipfel, versunkene Täler. Trümmer und Ruinen der Natur. Aber sind sie nicht tausendmal ergreifender und begeisterungswürdiger als die modernen Bunker aus Beton, mit denen der Mensch die Gestade verunstaltet? Das Meer zerstört die Küsten und belebt sie dabei; der Mensch belebt sie, indem er sie zerstört. Leider arbeitet er dabei schneller als die Natur, hat er es doch in den letzten Jahrzehnten soweit gebracht, gerade die malerischsten Gestade des Mittelmeers in Anhäufungen geschmackloser Touristensilos zu verwandeln. An der 170 Kilometer langen Riviera di Ponente im Golf von Genua sind nicht mehr als tausend Meter freier Strand verblieben; an der 50 Kilometer langen Küste des Latiums sind es kaum 500 Meter! Vielleicht aber werden all die Hotels oder Bungalows viel eher verfallen als die Klippen, auf denen sie stehen. Denn wenn das Mittelmeer erst biologisch tot ist, wenn seine vergifteten Wasser sich nicht mehr selbst reinigen können, dann wird auch der Tourismus in diesem Teil Europas sterben. Muß es wirklich soweit kommen?

»Wüsten – die Stille und das Geheimnis der Welt«

(Saroyan)

Die geliebte Wüste

»... In solchen Stunden wird die Wüste, weitab vom Jagen unserer Gesellschaft, zu einem Gebiet geklärter Ruhe, es wird dem Menschen manches bewußt, was er bis dahin nie erkannt oder erfahren hat. In der Wüste herrscht ein Friede ohnegleichen, der auch den Unbändigsten andächtig macht. Darum sind auch so viele Grübler und Denker in den toten Raum gezogen, um hier Verinnerlichung ihres Seelenlebens zu erfahren. In der Entwicklung der Religionen, von Moses über Christus bis Muhammad, hat die Wüste eine große Rolle gespielt. Es scheint, daß keine andere Umwelt eine so tiefgründende Frömmigkeit erzeugt. ›Ich bin ganz allein durch die Dünen gewandert, und nur Gott war mein Begleiter.‹ So hört man oft die Menschen von ihrem größten Erlebnis erzählen. In der Wüste haben Propheten einen neuen Weg zu Gott gefunden, Heilige haben nach Erkenntnissen und Büßer um Läuterung gerungen. Keine andere Landschaft vermag wie die Wüste dem Menschen das Gefühl zu vermitteln, daß er ein flüchtiger Gast auf Erden ist. Die Wüste ist immer wieder ein Zufluchtsort derer geworden, die von dem Hasten der Welt abgestoßen wurden.«

132 Am Westausgang der überaus imposanten Bourn-Schluchten südwestlich von Grenoble liegen die Grotten von Choranche. An ihren Decken drängen sich Tausende meterlange »Makkaroni«, feine Sinterröhrchen von nur drei bis vier Millimetern Durchmesser.

133 Die »Cueva de Hams«, »Höhle der Angelhaken«, bei Porto Cristo im Osten Mallorcas hat ihren Namen von ihren Exzentrikern, hakenförmigen Tropfsteingebilden.

134 In einem Seitengang des berühmten französischen Höhlendoms der Grotte des Demoiselles, 35 Kilometer nordwestlich von Montpellier, hat sich dieser im Gegenlicht durchscheinende Sintervorhang gebildet.

Max Reisch, jener Pionier, der schon 1933 mit einem Motorrad auf dem Landweg nach Indien fuhr, dann in den Jahren 1935/36 im Auto von Palästina nach China, preist die Wüste mit diesen Sätzen in seinem wundervollen Buch »Karawanenstraßen Asiens«.

Er ist nicht der einzige, der dem sandigen, steinigen, salzigen, staubig-dürren Nichts so große Achtung zollt. Nicoll schreibt in seinen »Birds of Egypt«: »Die Wüste ist wie eine Frau. Wenn sie schweigt, dann fesselt sie dich am meisten und ist geheimnisvoll und verführerisch. Wenn sie aufbraust, fängst du an sie zu hassen. Das Leben mit ihr gleicht einem Traum voller Romantik.«

Uwe George, wissenschaftlicher Wüstenforscher und Fernsehberichterstatter, gesteht, einsam in der unendlichen Wüste der Sahara panische Angst und Beklemmung empfunden zu haben. Trotzdem liebt er die Wüste wie jeder, der sie einmal wirklich kennengelernt hat: »Das Erlebnis, auf sich allein gestellt durch die grenzenlosen Weiten der Wüste zu wandern, nur seinen eigenen Fähigkeiten vertrauend, ermöglicht es, die eigene Identität wiederzufinden. Man kann den Ballast, den die Leistungsgesellschaft in unserer Seele angehäuft hat, abschütteln und zu seinem Ursprung, zu den Träumen der Kindheit zurückkehren. Hier in der Wüste ist das forschende Wandern noch möglich, in einer Landschaft, in deren Weiten noch jedes Geheimnis denkbar erscheint. So gesehen wird die Wüste zu einer Landschaft, in der der menschliche Geist ungebunden schweifen kann, zu einer Landschaft, die das tiefste Bedürfnis des Menschen befriedigen kann, geistige Freiheit. Ein französischer Saharaforscher hat einmal gesagt: ›Die Wüste ist wahrscheinlich die am meisten geliebte Landschaft unserer Erde.‹«

Auch das ist bezeichnend. Wer die Wüste beschreibt, wer von ihr schwärmt, zitiert gern andere. Max Reisch spricht von Saint-Exupérys »Weisheit der Wüste«, George zitiert einen anonymen Franzosen, und der Autor des vorliegenden Buchs beruft sich wiederum auf Reisch und George. Wer die Wüste liebt, liebt sie nicht subjektiv. Er weiß, daß andere sie genauso lieben, und das will er mitteilen.

Was ist eigentlich eine Wüste?

Die großen Wüsten der Welt ziehen sich in zwei mächtigen Gürteln parallel zum Äquator um die Erde, jeweils etwa zwischen dem 15. und dem 40. Breitengrad. Was Wüsten wirklich sind, darüber streiten sich die Gelehrten. Wo fängt die Wüste an, wo hört die Steppe auf? Welche Merkmale muß eine Landschaft besitzen, um eine Wüste zu sein? Die Geologen sehen als Hauptvoraussetzung die Trockenheit an. Manche Meteorologen bezeichnen all jene Gebiete als Wüste, in denen die Verdunstung größer ist als die Niederschläge. Andere geben eine absolute Grenze an. Sie fordern weniger als 25 Zentimeter Niederschläge im Jahr. Nach diesen Definitionen dürfte es in Europa – die Kanarischen Inseln ausgenommen – überhaupt keine Wüsten geben. Andererseits bezeichnen die Biologen als Wüste ein Gebiet ohne Pflanzenwuchs oder Zonen, in denen nur wenige, besonders gut angepaßte Arten gedeihen. Nach dieser Auffassung sind auch die zwar feuchten aber doch vegetationslosen europäischen Gebirgshochlagen Wüsten. Obwohl sie sich nicht als die gängigste Lehrmeinung durchgesetzt hat, sei sie hier akzeptiert, denn sie erlaubt den sicher nützlichen Vergleich der europäischen Ödländer mit den großen Wüsten Afrikas, Asiens, Amerikas und Australiens. Denn schon die Tatsache, daß die Böden beider »Wüstenarten« ohne schützende Pflanzendecke schonungslos dem Wind und dem Wetter preisgegeben sind, begründet viel Gemeinsames.

Einmal prägt die Erosion das Gesicht der Wüsten stärker als das jeder anderen Landschaft. Heftige Sturzregen schwemmen ungehindert alle leichten Teilchen zutal. Die häufigen Stürme greifen wie ein Sandstrahlgebläse selbst die härtesten Felsen an und schleifen sie mit der Zeit klein. Durch die klare Luft, die über Wüstengebieten liegt, brennt tagsüber die Sonne auf das nackte Gestein und heizt es auf. Nachts strahlt es ebenso rasch die gespeicherte Wärme wieder ab. Temperaturunterschiede von 40, ja 60° C sind keine Seltenheit. Unter ihnen dehnt sich der Fels und zieht sich zusammen, wird rissig und zerfällt schließlich. Nachts kommt in manchen Gebieten die zerstörende Wirkung der Frostsprengung hinzu. Das Ergebnis sind riesige Schutthalden, deren leichtere Teile der Wind aussortiert, hochwirbelt und an anderer Stelle als große Sandhaufen wieder fallen läßt. Allerdings verwittert nicht jedes Gestein zu Sand. In der Sahara ist rund ein Drittel der Gesamtfläche Sandwüste, in den amerikanischen Wüsten sind es nur zwei Prozent.

Chemische Erosion spielt in Wüsten nur eine geringe Rolle, denn die das Gestein auflösenden organischen Säuren, die in Gegenden

135/136 Für die Fachwissenschaftler bisher unerklärlich ist die Entstehung der Exzentriker, seltener Tropfsteingebilde, die durch Massenvorkommen besonders zwei europäische Höhlen auszeichnen: die kleine Grotte du Grand Roc bei dem südfranzösischen Örtchen Les-Eyzies-de-Tayac und die süditalienische Grotta di Castellana, die unsere Fotos zeigen. Was den Reichtum an Exzentrikern betrifft, kann es wohl kaum eine zweite europäische Höhle mit ihr aufnehmen.

137 Tief unten in der Grotte des Demoiselles (vgl. Abb. 134) haben die aus großer Höhe herabfallenden Wassertropfen merkwürdig verzweigte Riesenstalagmiten aufgebaut.

mit dichter Vegetation von den verrottenden Pflanzen stammen, fehlen. Deshalb bildet sich in Wüsten praktisch keine Erde und schon gar kein Humus. Der Boden bleibt nackt und kahl, und diesen Eindruck verstärken noch die für kräftige mechanische Erosion typischen riesigen Halden von Trümmergestein. Das Endziel der zerkleinernden und abtragenden Kräfte ist die Ebene. Wo sie lange genug tätig waren, haben sie dieses Ziel schon erreicht. In der zentralen Sahara gibt es Gebiete von der Größe Westdeutschlands, die praktisch überhaupt keine Landschaft im eigentlichen Sinne mehr sind: topfebene Flächen, belegt mit einem Mosaik kleiner, flacher Steine. Solche Orte sind es, in denen der Mensch gezwungen wird, zu sich selbst zurückzufinden. Sie verdrängen jeden konkreten zeit- und raumbezogenen Gedanken.

Die Crau

In Europa gibt es nur wenige solche Extremflächen, im kontinentalen Europa wohl nur eine: die Crau in Südfrankreich (vgl. Abb. 212). Und auch ihr rückt der Mensch neuerdings zu Leibe, indem er sie Stück für Stück durch Fernkanäle bewässert und in Ackerland verwandelt. Ursprünglich war sie 50 000 Hektar groß, heute sind vielleicht noch 20 000 davon übrig. Die Crau, die sich dem Reisenden am eindrucksvollsten von der Nationalstraße 568 zwischen St.-Hippolyte und Fos aus präsentiert, ist ein altes Schwemmland der Durace, die hier eine bis zu 15 Meter mächtige Kiesdecke abgelagert hat, bevor sie sich ihren Weg selbst versperrte und ihren Lauf änderte.

Die kleine südfranzösische Wüste regte schon immer die Phantasie an und erweckte Verwunderung. Deshalb fehlte es auch nicht an Erklärungsversuchen für die Entstehung dieser eigenartigen Landschaft, lange bevor Geologen ihre wirkliche Ursache herausfanden. Die originellste Fassung geht auf die alten Griechen zurück: Als Herkules gen Spanien zog, begegnete er im Gebiet der heutigen Crau den Ligurern. Er schoß alle seine Pfeile gegen sie ab, konnte sie aber nicht besiegen und rief Jupiter um Hilfe an. Der ließ sich nicht lange bitten. Er warf einen Regen von großen Kieseln auf die Feinde seines Freundes nieder, bis die Steine das ganze Land unter sich begruben.

Der Mont Ventoux

Rund 75 Kilometer weiter nördlich überrascht eine andere Kleinwüste den Südfrankreich-Reisenden. Die Gipfelregion des 1912 Meter hohen Mont Ventoux ist eine einzige Einöde aus scharfkantigem grobem Kalkschotter (vgl. Abb. 213). Das ist die Endform jener Karsterosion, die sich in der Karrenfeldbildung anbahnte (vgl. Seite 106) und der der Mensch hier durch radikales Abholzen aller Wälder Tür und Tor geöffnet hat.

An Sagen und Geistererzählungen fehlt es wohl in keiner Wüste der Welt. Schon Marco Polo notierte in seinem Tagebuch über seinen Zug durch die Wüste: »Wenn Reisende in der Nacht auf dem Marsch sind und einer von ihnen zurückbleibt oder einschläft und dann versucht, seine Reisegesellschaft wieder einzuholen, hört er Geister sprechen, und er glaubt, die Geister seien seine Gefährten. Auch am Tag hört man die Geister sprechen, bisweilen soll man die Töne einer Menge verschiedener Musikinstrumente vernehmen und noch öfter den Klang von Trommeln.« – Gespenster gibt es prompt auch in den Kältewüsten aus vulkanischem Gestein in Island (vgl. Abb. 211 und 214). Auf den nackten Flächen treiben Dämonen und Riesen ihr Unwesen, und nachts steigt Surtr, der Schwarze, aus der Tiefe der Erde herauf.

Wüste Insel Island

Zwei Drittel der Insel aus Eis und Feuer sind biologische Wüste. Bebautes Land findet sich nur unter der 200-Meter-Höhenlinie. Ab 400 Metern Höhe über dem Meer wächst eigentlich nichts mehr; hier dehnt sich ein endloses Reich aus Laven, Steinbrocken und schwarzem Sand. Bei 350 Metern liegt die Baumgrenze. Aber auch darunter finden sich praktisch nur vereinzelte Gruppen von Sträuchern. Island ist zu weit vom Festland entfernt, als daß nach der Eiszeit eine Vielfalt harter skandinavischer Pflanzen den Weg über das Meer gefunden hätte. Zwergbirken hatten sich auf der Insel eingebürgert, aber sie hat der Mensch schon bald nach der einsetzenden Besiedlung im neunten Jahrhundert eingeschlagen und verbrannt. Der Isländer liebt seine kahle Heimat. »Das ist doch etwas anderes als die verdammte Vegetation in Dänemark!« begeisterte sich ein nach langer Zeit aus Kopenhagen zurückgekehrter isländischer Naturwissenschaftler einmal, als er wieder auf heimatlichem Boden stand und seinen Blick weit in die Ferne schweifen lassen konnte.

138 Einzigartig in Europa ist der Wald bizarrer Palmstammstalagmiten im Aven Armand, einer der berühmtesten Tropfsteinhöhlen Frankreichs, im Département Lozère, 22 Kilometer nordwestlich von Florac.

139 Die klassische Stalagmitenform ist die zylindrische Säule. Sie entsteht bei konstanter Wasserzufuhr über lange Zeiträume. Nimmt das Sickerwasserangebot ab, dann verjüngen sich die Säulen oben, nimmt es zu, dann werden sie dicker. – Grotte de Réclère, rund 15 Kilometer westsüdwestlich von Porrentruy im Schweizer Jura.

Dürre Inseln im Atlantik

Eine Wüsteninsel ganz anderer Natur, aber nicht minder großartiger Weite ist Lanzarote. Auch sie ist ein vom Vulkanimus geprägtes Eiland (vgl. Abb. 3). Aber hier fehlen die Gletscher, hier fehlen die Wasserfälle inmitten der trostlosen Weiten, hier fehlt der eisige Wind, hier fehlt das Polare, das Island so stark zeichnet. Lanzarote ist ein heißes Land. Zwei, drei Jahre ganz ohne Niederschläge sind keine Seltenheit. Lanzarote ist dem unfernen Afrika mit seiner größten Wüste der Welt verwandt. Aber stärker noch als auf Lanzarote fühlt der Inselreisende auf Fuerteventura die Nähe der Sahara. Auf Fuerteventura dominiert nicht wie auf Lanzarote der Charakter der Feuerberge, obgleich auch diese Insel vulkanischen Ursprungs ist. Hier herrscht schon ganz der Formenschatz mancher Bergwüsten des Maghreb, des westlichen Nordafrika (vgl. Abb. 210). Daß Fuerteventura dennoch eine Insel ist, fällt besonders dem Botaniker auf. Hier wimmelt es an seltenen Pflanzenarten, die sonst nirgendwo auf der Erde vorkommen, wie die Euphorbia handiensis, die trotz ihres Aussehens nicht das geringste mit Kakteen zu tun hat, oder die prächtigen großblumigen gelben Bergastern, die auf den höchsten weglosen Gipfeln im Inselsüden gedeihen.

Auch die sonst so waldreiche Insel Madeira hat ihre Wüste. Die nackten Hochflächen des Westens liegen etwas im Regenschatten der Vorgebirge und, was noch ausschlaggebender ist: sie sind relativ schwer zugänglich. Deshalb hat der Mensch hier jene alten Sünden nicht wieder gutgemacht, die er sonst beinahe überall auf der Insel wieder ausgebügelt hat. Die ersten Kolonialisten hatten Madeira vollkommen entwaldet. Beinahe alle Gebiete sind heute aber wieder aufgeforstet, außer der Paul da Serra, wie die einige Quadratkilometer große Basaltsteinwüste heißt. Der einsetzenden Erosion stehen damit Tür und Tor offen. »Paul da Serra« heißt »Sumpf des Gebirges«, und im Winter ist das Gebiet in der Tat oft ebenso feucht wie manche Schlammpfannen der Sahara.

Südöstlich von Madeira aber liegen drei wirklich eindrucksvolle Wüsteninselchen, die Desertas, die »Verlassenen«. Wer die Einsamkeit liebt und Gelegenheit hat, wenigstens der größten, Deserta Grande, einen Besuch abzustatten, der sollte sich diese abgelegene Welt aus leuchtenden Farben und bizarren Formen auf keinen Fall entgehen lassen. Für die Launen der Erosion, die hier am Werk war, gibt es nur ein einziges treffendes Wort: grotesk! Der krasse Gegensatz wüster Erosionslandschaft wirkt auf dem nur 15 Kilometer langen Eiland besonders eindringlich, denn weite Teile des Hochplateaus bedeckt tiefgrüner Rasen, und rundum dehnt sich die blaue Weite des Atlantiks. Allerdings sei der weniger risikofreudige Urlauber vor einer Desertas-Expedition gewarnt: Wem nicht viel daran liegt, mit einem kleinen Beiboot bei meist starker Brandung an einer ungeschützten Steilküste »anzulegen«, der lasse lieber die Hände von diesem Ausflug in eine kleine bizarre Welt.

Die Wüste hat viele Gesichter. Ihr sprichwörtliches Bilderbuchgesicht ist ein endloses Meer aus Sanddünen. Eine kleine Probe davon hat Gran Canaria in ihrem Süden zu bieten. Hier ziehen ein paar Quadratkilometer Wanderdünen vom Strand landeinwärts; goldgelb, sichelförmig, ineinander verschlungen, mit flachen Hängen auf der Windseite und steilen Flanken im Windschatten und bedeckt mit einer Miniaturwüste kleiner Reliefmuster (vgl. Abb. 218 und 219). Alles ist hier genauso wie im großen Westlichen Erg, einem der mächtigsten Dünenfelder im Herzen der Sahara, nur wesentlich kleiner. Der Blick wandert hier nicht bis zum Horizont über nichts anderes als Sand, und 200 Meter hoch sind die Dünen hier auch nicht. Aber schön sind sie doch, und wer nicht gerade die Gelegenheit zu einer Reise in die zentrale Sahara hat, wird diese kleine kanarische Sandwüste liebgewinnen.

Wüsten über der Vegetationsgrenze

Daß Wüsten den für die schlichte Großartigkeit der Urnatur empfänglichen Menschen tief ergreifen können, daß er in ihnen zu sich selbst zurückfindet, das gilt auch für die großen biologischen Wüsten mitten in Europa: die Hochalpen (vgl. Abb. 215 bis 217). Wen einmal die karge Welt aus Fels und Geröll oberhalb der Vegetationsgrenze ergriffen hat, den läßt sie so schnell nicht mehr los. Immer wieder muß er zurückkehren, unter Mühen und Strapazen in die lebensfeindliche Wildnis eindringen, um dort oben, überwältigt von der grandiosen Landschaft, das höchste Glücksgefühl des Menschseins zu erleben: die hautnahe Begegnung mit der Schöpfung. Die Nähe Gottes.

140 Ähnlich wie Sinter Tropfsteine bildet, können auch aus Höhleneis bizarre Gebilde entstehen, wie diese Eisfiguren im Großen Windloch im Toten Gebirge in Österreich (Salzburger Land).

141 Eine der ungewöhnlichsten europäischen Höhlen beherbergt den unterirdischen See von St.-Léonhard bei Sion in der Südschweiz. Im Gegensatz zu den meisten anderen Höhlen hat sie sich nicht im Kalk oder Dolomit, sondern in einem mächtigen Gipslager entwickelt.
142 Das Innere der Sandbalmhöhle unweit von Göschenen an der Schweizer St.-Gotthard-Straße zeigt deutlich ihren Charakter als Calcit- und Quarzader im Granit.

»In den Wipfeln frische Lüfte«

(Eichendorff)

Zwei Wege führen zum Bewußtsein von der Fülle und der Schönheit des Lebens: der Weg durch die Wüste, in der das Leben rar und kostbar ist, und der Weg durch einen gesunden Wald, in dem es auf jedem Quadratmeter überquillt. Der erste Weg ist zweifellos der beeindrukkendere, jener mit der tieferen und der nachhaltigeren Wirkung. Es ist ein Weg, der fast zwangsläufig zur Ehrfurcht vor allem Lebenden führt. Der Gang durch den Wald, der doch viel plastischer die ganze Vielfalt belebter Formen vor Augen bringt, bewirkt oft leider nur das genaue Gegenteil: Das Leben wird zur Selbstverständlichkeit. Es verliert an Wert. Das Bewußtsein, daß jeder Quadratkilometer gefällter Wald ein Quadratkilometer vernichtetes Leben ist, fehlt. Gedankenlos zerstört der Mensch einen Lebensraum, der dann nur allzu schnell zur lebensfeindlichen Wüste wird.

Der soziale Wald

Gewiß, die Holzfäller unter den Staats- und Regionalpolitikern haben es heute schwerer als früher, Wald einzuschlagen. Nicht selten gehen einem Straßenneubau durch ein Waldgebiet lange Gerichtsprozesse voraus, die dann aber mit schöner Regelmäßigkeit doch zuungunsten des Waldes entschieden werden. Lokalreporter und Heimatschützer verurteilen anschließend ihrerseits polemisch das Urteil, und einmal mehr erfahren die Leser, daß der radikale Holzeinschlag ein Frevel an der Allgemeinheit ist, weil der Wald einmal einen hohen Erholungswert besäße, weil er die verschmutzte Industrieluft reinige und weil er für den Wasserhaushalt der Natur unersetzlich sei. Punktum; das alles sind mittlerweile sattsam bekannte Pauschalaussagen, die zwar zutreffen, aber längst keine offenen Ohren mehr finden, weil sie wie alle Pauschalaussagen unqualifiziert sind. Deshalb sollte der verantwortungsbewußte Waldschützer viel stärker mit nüchternen Zahlen argumentieren, so nüchtern, daß sie ihre ernüchternde Wirkung selbst auf den engstirnigsten Kommunalpolitiker ausüben, es sei denn, er setzte privaten Spekulationsgewinn über das Wohl der Menschen, die in seinem Kreise leben.

Keine einzige bautechnische Maßnahme kann Hochwässern so wirkungsvoll begegnen wie der Wald, kann Wasser für die Trockenzeiten so billig speichern und zugleich frischhalten wie der Wald, kann großflächige Erosion so erfolgreich verhindern wie der Wald. Experimente der schweizerischen forstlichen Versuchsanstalt beweisen das: Eine zehn Zentimeter hohe Wassersäule brauchte mehr als drei Stunden, um auf einer Weide bei Andermatt in der Erde zu versickern. Im unmittelbar benachbarten Wald schluckte der Boden das Wasser in drei Minuten! Auf einer feuchten Wiese im Einzugsgebiet des Höllbachs sickerte das Wasser in hundert Minuten ein, auf einer entwässerten Weide in 38, in einer zwanzigjährigen Aufforstung in acht und in einem 40 Jahre alten Waldbestand in drei Minuten. Gerade die beiden letzten Zahlen zeigen eindrucksvoll, daß sich eine einmal abgeholzte Fläche nicht einfach »mal eben wieder aufstokken« läßt. Es dauert viele Jahrzehnte, bis sich die ursprüngliche natürliche Lebensgemeinschaft wieder bildet.

Amerikanische Forstwissenschaftler haben andere Größen gemessen. Sie stellten fest, daß von 2000 Millimetern jährlichen Niederschlags auf offenem Land 700 Millimeter als Oberflächenwasser abflossen, im Wald dagegen nur 80 Millimeter. Zugleich wanderten auf freiem Gelände 700 Millimeter ins Grundwasser; im Wald betrug der Grundwassergewinn 1200 Millimeter.

In Kalifornien haben sich nach Vernichtung eines großen Waldge-

143 ...So zieht sich das Kristallband der Sandbalmhöhle durch die mächtige Granitwand der Uralpenlandschaft.

144 Die kilometerlangen Kluftgänge der Höhlen von Roquefort-sur-Sulzon in Südfrankreich sind durch einen Bergrutsch entstanden…

biets die oberflächlich abfließenden Wassermassen sogar verzehnfacht, und das abgetragene Schwemmgut ist auf das Fünfzehnfache gewachsen!

Wen diese Zahlen immer noch nicht beeindrucken, dem läßt sich wahrscheinlich nur mit Rechenexempeln in klingender Münze beikommen. Bitte schön: Ein Hektar Waldgebiet liefert bei einer jährlichen Niederschlagsmenge von 1000 Millimetern 2000 Kubikmeter mehr gefiltertes und gesundes Trinkwasser als eine kahle Fläche. Bei einem Grundwassermarktpreis für die Brauchwasserversorgung von nur 40 Pfennigen pro Kubikmeter macht sich der Hektar Wald also mit 800 DM jährlich bezahlt.

Das übertrifft den Gewinn aus der Holznutzung bei weitem.

Wie groß die Bedeutung des Waldes für eine gesunde Trinkwasserversorgung ist, haben Städte wie Basel und Frankfurt seit Jahren erkannt. Ihre Wasserwerke klären Flußwasser vor, das sie dann in Wäldern versickern lassen. Der Waldboden wirkt als hochwertiges biologisches Filter und reinigt das Wasser vollends. Die Ausbeute an gesundem Grundwasser steigt damit jährlich um mehrere Millionen Kubikmeter.

Wenn trotzdem Jahr für Jahr große Waldbestände unwiederbringlich der Motorsäge zum Opfer fallen, dann ist dafür meistens eine andere Rechnung verantwortlich, die zwar kurzfristig aufgeht, auf lange Sicht aber teuer zu stehen kommt. Wem es gelingt, einen Hektar Wald in stadtnahes Bauland zu verwandeln, der streicht dafür heute einen Gewinn von einer bis zwei Millionen DM ein. Gelingt dieser Schnitt vielen Waldbesitzern, dann schreitet das Verderben schnell. Je nach Baumarten kann ein Hektar Wald jährlich 30 bis 70 Tonnen Staub aus der Luft fangen. Fehlen die Bäume in Ballungsgebieten ganz, dann geht der Schmutzregen ungehindert auf Straßen und Häuser nieder.

Regulierung des natürlichen Wasserhaushalts in der Landschaft, Grundwasserschutz und Staubfang sind nur einige der sozialen Wirkungen des Waldes; sozial deshalb, weil sie allen Menschen, nicht nur dem Waldbesitzer, zugute kommen. Der Wald ist darüber hinaus ein hervorragender Schallschlucker, der Industriegeräusche und Straßenlärm von Wohngebieten fernhält. Und schließlich bricht der Wald wirkungsvoll die Kraft der Winde und beugt damit Sturmschäden und

Winderosion vor. Wo er fehlt, wird das Land staubig. In Extremfällen entstehen Wanderdünen, die unaufhaltsam vordringen und das Land unter sich begraben.

Das war fast bis zu Napoleons Zeiten in Südwestfrankreich der Fall. Die große Düne von Pyla bei Arcachon (vgl. Abb. 207) zeugt noch heute davon.

Waldland – vom Menschen geschaffen

Schonungslos hatten die Altvorderen große Landstriche abgeholzt. Unter gewaltigen finanziellen Opfern versuchte Frankreich, die Sünden wieder wettzumachen. 1788 beauftragte der Staat den Straßen- und Brückenbauingenieur Brémontier, die Sandwüste der Landes wieder aufzuforsten. 89 Jahre dauerte es, bis 80000 Hektar Kiefernwald die nackten Flächen bedeckten. Aber in unmittelbarer Nachbarschaft des alten Ödlandes hatten sich gewaltige Sümpfe ausgebreitet, denn der Wald als Wasserregulator hatte jahrhundertelang gefehlt. Noch einmal unternahm Frankreich, diesmal auf Initiative Napoleons, gewaltige Anstrengungen, die Fehler von einst zu korrigieren. Der Ingenieur Chambrelent entwarf einen Plan zur Trockenlegung. Dann ging die Aufforstung der Landes voran. Das alles kostete ein Vermögen. Doch schließlich wurde das Departement durch seine ausgedehnten Wälder zum reichsten in ganz Frankreich. 1939 endlich waren 900000 Hektar aufgestockt. Anderthalb Jahrhunderte Arbeit hatte dieses gigantische Werk gefordert. Aber das Ergebnis läßt sich bei weitem nicht mit den gesunden Wäldern von einst vergleichen, die vor dem großen Holzabbau die Landes bedeckten. Trockene Monokulturen aus Strandkiefern und mit nur wenig eingesprengten Eichen waren entstanden, Wälder, die nur allzuleicht ein Raub der Flammen werden konnten. Und so geschah es denn auch: In den sieben Jahren von 1943 bis 1950 wüteten Brände in den Landes, die ein Drittel der mühsam aufgestockten Forste wieder vernichteten, die Hälfte davon in einem einzigen Jahr, 1949. Die zeitraubende Arbeit begann von neuem. Wieder duldete der noch von früheren Jahrhunderten ausgezehrte Boden nichts anderes als Monokulturen der anspruchslosen Strandkiefern. Seit 1950 wurden erneut 400000 Hektar aufgeforstet, mehr als die Hälfte durch natürliche Ansamung, der Rest aus Geldern, die der Wald selbst eintrug. In den Landes müssen die kräftigsten Bäume als Harzlieferanten her-

145 …Ihr ideales, konstant kühl-feuchtes Klima und das Vorkommen des einzigartigen Schimmelpilzes Penicillium roqueforti nützen mehrere Gesellschaften zur Herstellung des berühmten, unnachahmlichen Roquefort-Käses.

146 Die »Grande Cascade« im Cirque de Gavarnie in den Pyrenäen ist mit 422 Metern Sturzhöhe der dritthöchste Wasserfall Europas. Wasser, das so tief herabfällt, zerstäubt unterwegs, weil die einzelnen Wassertröpfchen immer schneller und schneller fallen und dabei der »Wasserfaden« zerreißt.

halten. Tausende von ihnen sind ständig angezapft (vgl. Abb. 228), um den Rohstoff für eine einträgliche Colophonium-Industrie zu liefern.

Wieweit sich dieser vom Menschen geschaffene künstliche Forst von einem gesunden, natürlichen Wald unterscheidet, das wird jedem Besucher der Landschaft bewußt, der sieht, mit welch aufwendigen Maßnahmen das Departement seine Kiefernwälder heute schützt: Ein System von ständig besetzten Feuermeldetürmen durchzieht die riesigen Wälder, ausgerüstet mit Telefon und Funkanlagen, verbunden durch ein Netz von Pisten. Allenthalben finden sich Hydranten. Und die permanent einsatzbereiten Forstfeuerwehren verfügen über einen kostspieligen Park geländegängiger Spritzenwagen. Dank all dieser Maßnahmen läßt sich jeder Waldbrand im Keime ersticken. Jährlich verbrennen heute »nur noch« rund 1000 Hektar.

Weit erfolgreicher, begünstigt durch ein außergewöhnlich waldfreudiges Klima und nahrhafte vulkanische Böden, verlief die nicht minder bedeutende Wiederaufforstung eines anderen, einst durch den Menschen ausgerotteten Waldgebiets. Als die Portugiesen Anfang des 15. Jahrhunderts 500 Meilen von ihrem Heimatland entfernt im Atlantik eine bisher unbekannte Insel fanden, die sich durch einen Mantel undurchdringlicher Wälder auszeichnete, gaben sie ihr den Namen *Madeira*, »Holz«. Bald ließen sich die ersten Siedler nieder und machten die Insel auf ihre Weise »urbar«: Sie brannten den eigentlichen Reichtum des Landes gründlich nieder, so gründlich, daß sie in der Gegend der heutigen Hauptstadt Funchal vor dem Feuer auf das offene Meer fliehen mußten. Als dann die große Erosion einsetzte und mit ihr auf der regenreichen Insel Wassermangel ausbrach, sah man den Fehler ein. In späteren Jahrhunderten sorgte die Inselforstverwaltung für großzügige Neupflanzungen. Dabei wuchs eine auf der Welt wohl einzigartige Waldgemeinschaft heran. Das hat zwei Gründe. Einmal begünstigt das sehr ausgeglichene Klima selbst empfindliche Holzarten, zum zweiten liegt Madeira am Kreuzweg vieler Schiffahrtslinien aus aller Herren Ländern. So konnten portugiesische Trampschiffe, die Waren nach Übersee brachten, auf dem Rückweg junge Bäumchen aus allen fünf Kontinenten mitbringen und auf Madeira abladen.

Manches exotische Gehölz konnte sich nicht halten; viele Arten aber fanden unter den milden Passatwinden ideale Lebensbedingungen vor, nicht zuletzt weil die Insel in Höhenstufen von Null bis 1800 Metern die verschiedensten Kleinklimazonen zu bieten hat (vgl. Abb. 230). Die Flora der ganzen Welt hat sich hier angesiedelt. An den Nordhängen der Gebirge finden sich stellenweise noch Reste der ursprünglichen Wälder aus verschiedenen Lorbeerarten, Baumheide und Baumfarnen.

Ähnliche Wälder bedeckten einst große Teile der Kanarischen Inseln. Auch sie sind weitgehend dem Menschen, seinem Feuer, seinen Schafen und Ziegen zum Opfer gefallen. Wie es einst ausgesehen hat, zeigen noch die wundervollen Walddickichte im Anaga-Gebirge im äußersten Nordosten Teneriffas (vgl. Abb. 231). Ein Charakterbaum der Kanaren ist die Kanarische Kiefer, die nur auf dieser Inselgruppe heimisch ist und von der sich besonders im einmalig schönen Wald von Esperanza auf Teneriffa und auf La Palma noch ausgedehnte Bestände finden. Der prächtige große Baum läßt sich leicht von anderen Kiefernarten unterscheiden, denn seine langen weichen Nadeln wachsen nicht zu zweit »gebündelt«, sondern zu dritt (vgl. Abb. 229).

Als das Eis die Wälder vertrieb

Die Landes und Madeira gehören zu den Ausnahmen in Europa. Nicht hinsichtlich der katastrophalen Abholzung, die hat es außer in Skandinavien überall gegeben; wohl aber hinsichtlich der Aufforstungen, denn diese sind selten. Der Wald besteht nicht nur aus Bäumen. Er ist eine äußerst komplexe Lebensgemeinschaft, die sich je nach Bodenart, Klima und Höhenlage sehr unterschiedlich zusammensetzen kann. Die Empfindlichkeit der Bäume gegen ihnen nicht zusagende Umweltbedingungen ist mit verantwortlich dafür, daß in Europa weit weniger Baumarten heimisch sind als in vergleichbaren Klimazonen Nordamerikas oder Asiens. Ursprünglich, vor mehr als 800000 Jahren, waren sich die Wälder in allen drei Gebieten sehr ähnlich. Dann aber setzte in Nordamerika und Europa die Eiszeit mit ihren verschiedenen Kälteperioden ein. Sie verdrängte die Wälder nach Süden. Während sie aber in Amerika ausweichen und später wieder zurückwandern konnten, gerieten sie in Europa in eine Sackgasse. Über die mächtigen westöstlich verlaufenden Gebirge der Pyrenäen, der Alpen und der Karpaten konnten sie nicht hinwegkom-

147 Die großartigsten Wasserfälle der Ostalpen stürzen in drei mächtigen Kaskaden in der Nähe des österreichischen Örtchens Krimmel, südwestlich von Kitzbühel, 380 Meter tief zutal…

148 ...Die Krimmler Aache führt das ganze Jahr über große Wassermassen, denn in ihrem Oberlauf regulieren Moorgebiete den Wasserhaushalt.

men; denn auch diese waren ja vereist. Viele Holzarten starben damals aus. Seit rund zehn Jahrtausenden herrscht wieder milderes Klima in Europa, und die nicht ausgestorbenen Baumarten konnten ihre angestammte Heimat zurückerobern. Heute lassen sich grundsätzlich drei verschiedene Waldgürtel auf unserem Kontinent unterscheiden.

Bäume des Nordens

Im Norden, etwa bis Südschweden und Nordnorwegen hinabreichend, dehnt sich der sogenannte *boreale Nadelwald*, der gleiche wie in Alaska oder Labrador, in Karelien, Sibirien und auf der Halbinsel Kamtschatka. Nicht viele Baumarten halten die mörderischen Bedingungen dieser nördlichen Breiten aus: Fichten, Föhren und Arven, die Sibirische Lärche, Zitterpappeln, Birken und Polarweiden (vgl. Abb. 220 bis 223). Wo an weniger als 60 Tagen im Jahr Temperaturen von mindestens 10° C herrschen, gibt es keine Wälder mehr. Die kurze Vegetationsperiode reicht dort nicht für die Bäume aus, einen Materialvorrat aufzubauen, von dem sich zehn Monate lang leben ließe. Dementsprechend liegt die Waldgrenze in verschiedenen Breiten unterschiedlich hoch. Während sie in Nordskandinavien bei Meereshöhe liegt, klettert sie in den deutschen Mittelgebirgen auf 900 bis 1400 Meter, in den bayerischen Alpen auf 1600 und in den Zentralalpen auf rund 2000 Meter. In der Nähe der jeweiligen Waldgrenzen finden sich immer relativ ähnliche Bilder. Wie in Skandinavien sind es auch in den Gebirgen Mitteleuropas die Lärchen, Fichten und Kiefernarten die sich am dichtesten an die Lebensgrenzen herankämpfen (vgl. Abb. 225 und 226). Charakterbäume der Alpenhochlagen sind besonders die Lärche, die kräftige Arve oder Zirbelkiefer und die extrem widerstandsfähige Bergkiefer, die als krüpplige Latsche am höchsten hinaufklettert. Einer der schönsten Arvenwälder der Alpen überhaupt ist der unter Naturschutz stehende Aletschwald hoch über dem Großen Aletschgletscher in der Schweiz.

Bäume in Mitteleuropa

Von den Hochgebirgen abgesehen, schließt sich in Mitteleuropa an die boreale Zone der nordischen Wälder ein Mischwaldgebiet an, das von Natur aus vor allem Buchen, Tannen und Fichten beherrschen (vgl. Abb. 224). Die moderne Forstwirtschaft hat das Gleichgewicht der Arten im letzten halben Jahrhundert vielfach zugunsten der Fichten verschoben, weil sie rasch wachsen und gutes Nutzholz liefern. Nicht immer blieb die Strafe für den eigenmächtigen Eingriff aus, denn Fichtenmonokulturen werden oft das Opfer von Windwurf, Rotfäule und Borkenkäfer. In Süddeutschland und der Schweiz ist auch die anspruchslose Kiefer oder Föhre als guter Holzlieferant geschätzt und deshalb weit verbreitet, besonders dort, wo auf magerem Sandboden die Buche kein Auskommen mehr findet. Wo auch den Kiefern der Boden zu trocken wird, breitet sich die Heide mit ihren noch bescheideneren Wacholderbäumchen aus (vgl. Abb. 227).

In Frankreich und anderen westeuropäischen Ländern herrscht der Laubwald vor. Hier sind Eichen, Buchen, Birken, Erlen und Weiden zu Hause.

Bäume des Südens

Die küstennahen Gebiete Süd- und Westeuropas mit ihrem maritimen Klima sind das angestammte Gebiet der knorrigen immergrünen Stein- und Korkeichen und der Edelkastanien. Leider fielen zu viele von ihnen der Axt zum Opfer. Weit verbreitet in den Mittelmeerländern war früher der malerische Prachtbaum Pinie, der sich vor allem in Italien zu lockeren »Pinetas«, Pinienhainen, zusammenschloß. Leider mußte auch er gehörig Federn lassen, und ein sehenswerter alter Pinienbestand ist heute eine Rarität (vgl. Abb. 236).

Zwei andere, wirkliche Raritäten im Mittelmeerraum verdienen, erwähnt zu werden. Auf dem Bergzug des Petit Lubéron in den französischen Seealpen, wenig südwestlich von Apt, wächst der einzige ausgedehnte Zedernwald Europas. Der ganze Kamm dieses langgestreckten Rückens trägt einen uralten prächtigen Bestand großer Atlaszedern, die, wie ihr Name sagt, an und für sich in den Gebirgen Nordafrikas zu Hause sind (vgl. Abb. 234 und 235). Wer den Südosten Frankreichs mit den Augen und dem Herzen eines Naturfreunds bereist, sollte sich einen Abstecher über das Forststräßchen, das etwa auf der Paßhöhe zwischen dem Grand und dem Petit Lubéron von der D 36 nach Westen abzweigt, auf keinen Fall entgehen lassen. Bitte nicht nach dem Besuch der wahrhaft königlichen alten Bäume umkehren, sondern nach Westen weiterfahren bis nach Cavaillon! Die Ausblicke und die Einmaligkeit der gleichermaßen kargen wie überreichen Landschaft werden es hundertfach lohnen.

149 Madeira ist eine ebenso niederschlagreiche wie wasserarme Insel. Über ihren steilen vulkanischen Wänden fließt der Regen rasch zum Meer ab, oft in hohen Wasserfällen. Die einheimische Bevölkerung sammelt das kostbare Naß in kilometerlangen horizontalen Kanälen, den Levadas.

150 Einer der vielen prächtigen Wasserfälle in der Schweiz stürzt von Norden in den Grimselsee hinab. Er verdankt sein Dasein der künstlichen Anzapfung des höher gelegenen Bächlisees durch einen Stollen. Das Wasser soll der Stromgewinnung zugute kommen.

Die zweite Rarität unter den Wäldern Europas sind die Palmenhaine von Elche bei Alicante an der ostspanischen Küste. Auf engem Gebiet gedeihen hier 600000 Dattelpalmen (vgl. Abb. 237). Die Szenerie mutet afrikanisch an und könnte ebenso zu irgendeiner Oase Tunesiens gehören. Genau dort hat sie auch ihren Ursprung. Die Karthager hatten den Palmenwald von Elche angelegt, und als später die Mauren vom heutigen Marokko und Algerien hier in Spanien eindrangen, pflegten sie die vertrauten Palmenhaine natürlich mit besonderer Liebe und Sorgfalt. Selbst die ältesten Bäume des heutigen Palmenwalds haben aber die alten Zeiten nicht miterlebt. Die Phönixpalme – um die es sich hier handelt – wird nur etwa 250 bis 300 Jahre alt. Mit ihren 20 bis 30 Metern Höhe ist sie dann ein prächtiger Baum. Elche sollte man im Dezember besuchen, wenn die Dattelernte im vollen Gange ist: Die Früchte dieses einzigen Dattelhains in Europa reifen nämlich im milden spanischen Klima vollkommen aus und schmecken vorzüglich. Wenngleich die Heimat der eleganten Bäume muselmanische Länder sind, so weiß sich doch die christliche Kirche in Spanien der Fremdlinge im Staat durchaus zu bedienen. In der Karwoche versorgt Elche das ganze Land mit Palmzweigen.

Exoten in Europa: Einwanderer oder Heimkehrer?

Darüber, ob der Mensch natürliche Lebensgemeinschaften durch Ansiedlung fremder Arten stören, vielleicht sogar aus dem Gleichgewicht bringen darf, wurde nicht gerade wenig Papier beschrieben. Zu unangenehme Beispiele hatten gezeigt, daß die Folgen verheerend sein können. Wohl eines der bekanntesten ist das der Einführung von Kakteen in Australien, die sich – ungestört von den Schädlingen ihrer amerikanischen Heimat – rapide verbreiteten und binnen kurzem immense Regionen fruchtbaren Ackerlandes unbrauchbar machten. Die Regierung führte Kaninchen ein, in der Hoffnung, sie würden unter den unliebsamen Einwanderern aufräumen. Aber die wiederkauenden Vierbeiner fraßen nur Nutzpflanzen und vermehrten sich ihrerseits so sprichwörtlich, wie man es den Kaninchen nachsagt. Als nächste Nummer im australischen Drama wurden die Wildhunde zur Plage, die den Kaninchen den Garaus machen sollten. Sie hielten sich an die viel trägeren Schafe. Schließlich setzte die Regierung auf Kakteenzüchten die Todesstrafe aus.

Nicht immer muß die Störung biologischer Lebensräume durch

fremde Arten gleich so drastische Folgen haben. Auf jeden Fall aber ist Vorbeugen besser als Heilen. Und deshalb überlegten es sich die Forstbehörden auch reiflich, bevor sie Europas Wälder mit exotischen Bäumen bereicherten. Das entscheidende Argument, das dafür sprach, war, daß die meisten der Bäume, die in unseren Lebensraum passen, hier vor der Eiszeit ohnehin Heimatrecht besaßen. Die großen Vergletscherungen waren es zugleich, die eine natürliche biologische Gemeinschaft gestört und die Artenzahl dezimiert hatten. So gibt es heute in Kanada rund 150 verschiedene Baumarten, in den USA sogar 850, in Europa aber nur etwa 50. Warum also sollte die Forstwirtschaft nicht versuchen, auf unserem Kontinent bei der Eiszeitkatastrophe ausgestorbene Baumarten wieder heimisch zu machen. Haben doch Versteinerungen bewiesen, daß der Mammutbaum einst von Italien bis Spitzbergen wuchs und daß damals Magnolien, Tulpenbäume, Sumpfzypressen, Hickory-Arten und Platanen Europa besiedelten. Um das Jahr 1880 begann die Forstwirtschaft in Deutschland, viele der ausgestorbenen Hölzer systematisch zu rekultivieren, meist mit Erfolg, etwa die Douglastanne, deren Bestände heute in Deutschland mehr als 500 000 Hektar ausmachen, die Hemlocktanne, die Weymouthkiefer, den Riesenlebensbaum, die Roteiche und den Mammutbaum. Der älteste Mammutbaumbestand Europas, im Exotenwald bei Weinheim an der Bergstraße, geht auf die Initiative eines Hobbyisten zurück, der schon 1853 bereit war, für jeden Sämling 43 Goldmark zu bezahlen. Heute sind die 125 Jahre alten Bäume über 40 Meter hoch.

Die guten Erfolge mit der Wiedereinbürgerung ausgestorbener Arten ermutigte zu Experimenten mit Hölzern, die in Europa niemals heimisch waren, aber für die Forstwirtschaft von besonderen Nutzen sein konnten, zum Beispiel mit der extrem frostharten und dürreresistenten Japanischen Lärche. In Südspanien, das keine Fröste kennt, gedeihen seit einigen Jahren ausgedehnte Eukalyptuswälder, die rasch große Holzausbeuten versprechen, denn Eukalyptusarten wie der aus Australien eingebürgerte »Fieberheilbaum« gehören zu den schnellwüchsigsten Bäumen der Welt (vgl. Abb. 232 und 233). Europas Wälder werden zur Heimat von Kosmopoliten.

151 Der 260 Meter hohe Staubbachfall im Schweizer Lauterbrunnental ist ein typisches Beispiel für die Mündung eines Bachs in ein während der Eiszeit eingefrästes Gletschertal, ...
152 ...ebenso wie die berühmten »Sieben Schwestern«, die sich über eine steile Wand in den Geirangerfjord in Südnorwegen ergießen.
153 Der Donfoss im Ottadalen in Südnorwegen ist eine der zahlreichen Kaskaden in den noch ungezähmten wilden Bergflüssen des Landes.

154 Unberührte Urlandschaft nördlich des Polarkreises? – Vor Jahren war der »Hermelinsfallet«, ein Teil des Stora Sjöfallet im Nationalpark in Schwedisch-Lappland, wenigstens dreimal so groß wie heute. Ein Kraftwerk hat Teile des Wasserstroms abgezweigt.

»Steine, deren Namen sämtlich auf ›-it‹ endigen«

(Heinrich Noe, 1871)

Die Natur lieben heißt sie kennenlernen. Die Natur kennenlernen heißt mit ihr leben. Ein Gebirge läßt sich nicht vom Auto aus kennenlernen. Es will erwandert sein, um all seine Gesichter zu zeigen. Die Majestät eines großen Gletschers kann nur begreifen, wer ihn begangen hat, wer in seine abgrundtiefen blaugrünen Spalten schaute und sein hartes Blankeis unter den Steigeisen knirschen hörte. Die Urwelt eines Vulkans offenbart sich nicht im Buch und auch nicht im Film. Am Kraterrand zu stehen, die heiße Erde zu spüren, die lästigen Schwefeldämpfe zu riechen und tief unten im Berg das drohende Rumoren der Lava und das Kollern der Steine im Schlot zu hören, ist ein Erlebnis mit anderen Dimensionen. Der beste Bildband ersetzt nicht das Tosen eines Wasserfalls, das Rauschen endloser Wälder im Wechsel der Jahreszeiten. Wer sich keine Zeit nimmt, hinauszugehen in die Natur, wer die Mühen einer Rucksackwanderung scheut, bringt sich selbst um das größte, beglückendste Erlebnis.

Schöpfung in Kristall

Doch der Alltag in der westlichen Welt macht es oft schwer, genug freie Stunden zu finden, besonders wenn der Weg von der Großstadt zu den großen und kleinen Naturwundern unseres Kontinents weit ist. Das Wochenende vergeht viel zu rasch. Der Urlaub ist immer zu kurz, und wenn die richtige Kondition für einen zünftigen Bergmarsch wieder da ist, geht er meistens schon zur Neige. Es sollte möglich sein, stundenweise die Schönheiten der Natur zu erleben. – Es ist möglich. Der Steingarten oder das Sumpfbeet vor der Haustür sind ein Weg dorthin, die Mineraliensammlung ein anderer. Wer wie der Autor dieses Buches miterlebt hat, in welch relativ kurzer Zeit zum Beispiel ein Postamtmann in den reiferen Jahren sozusagen aus dem Nichts heraus eine reichhaltige Mineraliensammlung aufgebaut hat, mit welcher Begeisterung ihn sein Hobby erfüllt, welche respektable Sachkenntnis er sich angeeignet und wieviel Freude ihm die Beschäftigung mit der faszinierenden Schöpfung in Kristall fast täglich bereitet, vermag den inneren Reichtum zu ermessen, den die Natur auch in die eigenen vier Wände hineintragen kann.

Der Mineraliensammler ist keineswegs darauf angewiesen, Schaustufen und seltene Stücke in teuren Fachhandlungen zu erwerben. Er kann sie in den Ferien selbst suchen. Europa – besonders der Alpenraum – ist nach wie vor eine Fundgrube. Natürlich sind viele berühmt gewordene Lagerstätten total ausgebeutet, aber Steinbrüche, Straßenbauarbeiten und Bergbau erschließen immer wieder neue Mineralienfundplätze, und hin und wieder finden sich die Kristalle einfach so im Lehmboden eines Ackers, aus dem sie der Regen herauswäscht.

Natürlich gehört ein wenig Sachkenntnis dazu, an den richtigen Plätzen zu suchen, und die erste Voraussetzung dafür ist das Wissen um das Entstehen der Mineralien.

In den Kapiteln über Vulkanismus, über die Gebirge Europas und über die Erosion war schon die Rede vom Magma, das aus der Tiefe heraufsteigt, abkühlt und zu festem Gestein erstarrt. Es war die Rede von den Sedimenten, die in Meeresbecken, Flüssen oder Gletschertälern heranwachsen, irgendwann aufgefaltet werden oder in die Tiefe absinken und sich unter dem Einfluß großer Drücke und hoher Temperaturen in andere Gesteine verwandeln. Diese Prozesse können vielfältig ineinandergreifen. In aufgefaltete, rissig gewordene Sedimente kann Magma eindringen, das angrenzende Gestein aufschmelzen oder bei der großen Hitze durch seine chemisch aktiven Gase

155 Reich an wirklich unberührten Wasserfällen ist in Europa nur noch Island. Das Bild zeigt den Orœfafoss bei der Eldgjá-Schlucht im Süden der Insel.

156 Zwischen Tromsö und Narvik in Nordnorwegen fließt in breiten Kaskaden der lachs- und forellenreiche Målselv zu Tal.
157 Über eine harte vulkanische Gesteinsdecke in Nordisland stürzen donnernd die Wasser des Godafoss hinab.

verändern. Alte Lavaflüsse können tief in die Erdkruste hinabtauchen und sich dort in Granit verwandeln, der später wiederum hochgetragen wird und von neuem verwittert. Magmen können sehr langsam in großer Tiefe unter hohem Druck abkühlen und erstarren oder an der Erdoberfläche sehr schnell erkalten und so bei der gleichen Zusammensetzung vollkommen andere Gesteine bilden.

Bei einer Reihe dieser verzwickten Vorgänge entstehen Mineralien, nicht selten in herrlichen Kristallstufen. Stets wachsen sie im Erdinneren heran, ein Umstand, der das Mineraliensammeln zwar erheblich erschwert, der dem Sammler aber immer wieder neue Überraschungen beschert, weil ständig neu angelegte Steinbrüche oder andere »Aufschlüsse« neue Fundorte ans Tageslicht bringen.

Wie Mineralien entstehen

Wo lassen sich Mineralien erwarten? Anders formuliert: Wo können sie sich gebildet haben? Da ist zuerst einmal die *magmatische Abfolge*, wie der Geologe die Gesteinsbildung aus glutflüssigen Massen nennt. Kühlt ein Magmaherd aus, dann erstarrt er keineswegs gleichmäßig. Bei etwa 1100° C scheiden sich kieselsäurearme (basische) Mineralien aus, zum Beispiel Feldspat. Nach und nach verfestigen sich auch die saureren Gesteine wie Olivin, Hornblende oder Muskovit, zu allerletzt, etwa bei 700 bis 500° C, der Quarz. Spielt sich der Vorgang tief unter der Erde ab, dann geht die Abkühlung äußerst langsam vonstatten. Je nach Ausdehnung des Magmaherds kann sie Jahrmillionen in Anspruch nehmen. Ein Jahrhundert mag vergehen, bis ein fünf Zentimeter langer Quarzkristall heranwächst. Besonders die zuerst ausgeschiedenen, basischen Mineralien haben Zeit, schöne große und regelmäßige Kristalle aufzubauen. Die zuletzt erstarrenden, die Gruppe der sogenannten *Pegmatite*, müssen mit den verbleibenden Zwischenräumen vorliebnehmen, können also nur kleine unvollständige Kristalle bilden, es sei denn, die Mineralien wachsen in noch offene Hohlräume hinein, in Spalten, Klüfte oder kugelrunde bis linsenförmige Blasen, sogenannte Drusen. Dann entstehen gerade unter den Pegmatiten oft besonders große und prächtige Kristalle. Weil Pegmatite vor allem in den Randzonen von Granitbergstökken sehr häufig sind, zahlt sich hier die Suche nach schönen Schaustufen sehr aus.

Die tief in der Erdkruste verfestigten Mineralien heißen Tiefengesteine oder *Plutonite*. Erstarrt die Gesteinsschmelze als Lava an der Erdoberfläche, dann spricht man von *Vulkaniten*. Bei ähnlichem Aufbau wie die Plutonite sind sie durchweg viel feinkristalliner, denn die Massen erstarren viel schneller: in Monaten, vielleicht sogar in Wochen. Aber auch hier können sich, wenn die Lava zähflüssig ist, in Blasen herrliche Kristalle ausbilden.

Unter 500° C sind die verschiedenen unlöslichen Mineralien bereits alle erstarrt. Übrig bleibt ein Gemisch aus heißen Gasen und Dämpfen, wie Wasserdampf, Schwefelwasserstoff, Schwefeldioxid, Borsäure, Fluorwasserstoff und Salzsäure. Weil es unter hohem Druck steht, dringt es oft ins benachbarte Gestein ein und verändert dieses chemisch. Dabei entstehen neue Mineralien. Solche Umwandlungen nennt der Mineraloge *Pneumatolyse*. Zu den Kristallen, die so entstehen können, gehören Fluorid und Halbedelsteine wie Topas oder Turmalin (vgl. Abb. 238).

Sinkt die Temperatur schließlich noch weiter ab, dann verflüssigt sich bei 375° C das Wasser, sofern der Dampf unter genügend hohem Druck steht. In der heißen Flüssigkeit ist natürlich noch eine Vielzahl von Salzen gelöst, die wiederum als Kristalle ausfallen, wenn das Wasser noch kälter wird. Solche Mineralbildungen heißen *hydrothermal*. Hydrothermale Kristallfundorte sind sehr weit verbreitet. In Klüften und Drusen finden sich hier oft wundervolle Bergkristalle und Rauchquarze, Achat und Amethyst, aber auch Baryt, Apatit, Calcit, Rutil, Hämatit, Ilmenit und wie sie alle heißen (vgl. Abb. 239 und 242 bis 245). Bekannt für reiche hydrothermale Mineralienfunde ist Idar-Oberstein, eines der westdeutschen Schmucksteinzentren.

Aus dem heißen Wasser setzen sich aber nicht nur unmittelbar Kristalle ab. Es kann auch, genau wie zuvor der überhitzte Dampf, im benachbarten Gestein chemische Veränderungen auslösen, etwa im Kalk oder im Dolomit. Das Ergebnis sind *hydrometasomatische* Lagerstätten (vgl. Abb. 241).

Weit unbedeutender für den Mineraliensammler als die magmatische Abfolge ist die sedimentäre. In Sedimentgesteinen entstehen Kristalle gelegentlich durch chemische Verwitterung. Vor allem metallhaltige Ablagerungen wie Kupfer-, Blei- oder Kobaltsalze bilden schöne Stufen, wie der Experte Kristallgruppen auch nennt. Unter

158 Breite Flußtäler und weite Seen prägen noch immer das Gesicht des arktischen Europas, wie der Langas nordwestlich der schwedischen Lappenstadt Jockmock, ...
159 ...oder der sich anschließende Stora Lulevatten.

160 Die Seen im norwegischen Gebirge füllen alte Gletscherbecken aus. Dieser liegt am Trollstegvein oberhalb des Romsdalsfjords...
161 ...und dieser hier, der Oldevatnet, zu Füßen des Riesengletschers Jostedalsbreen.

Wasser können Sedimente direkt bei ihrer Entstehung kristallisieren, wie die Calcite in den kleinen Höhlenseen der Grotta di Castellana (vgl. Abb. 126), wie Kochsalz und Soda in austrocknenden Meeresbecken oder Wüstenseen oder wie der leichtlösliche Gips (vgl. Abb. 240).

Die *metamorphe Abfolge* schlielich, bei der sich magmatische Gesteine, Sedimente oder auch schon einmal metamorph veränderte Gesteine in großer Tiefe unter Druck und hoher Temperatur in andere Kristallgefüge umwandeln, liefert ebenfalls ganz spezielle Mineralien. So wird beispielsweise Sandstein zu Quarzit, Kalk zu Marmor, Granit zu Gneis. In metamorphen Gesteinen, die sich meistens relativ leicht an ihrer schiefrigen Struktur erkennen lassen, finden sich Kristalle wie Granat, Chlorit, Epidot oder Hornblende.

Mineralien sammeln – ein naturnahes Hobby

Bei seiner Suche nach kristallinen Schätzen hat der Mineraliensammler im großen und ganzen drei Möglichkeiten. Er kann die Aufschlüsse nutzen, in denen Vorgänger aus anderem Interesse die ihn interessierenden Hohlräume im Gesteinsinneren geöffnet haben, etwa in Steinbrüchen, bei Straßenarbeiten oder in Bergwerken (weil er die letzteren meist nicht befahren darf, muß er sich an die Abraumhalden halten). Er kann, besonders in den Hochalpen, Klüfte und Spalten im Fels nutzen, die von der Erosion ganz oder auch nur andeutungsweise freigelegt wurden. Den aufmerksam beobachtenden Kenner weisen verschiedene äußere Anzeichen auf verborgene Gesteinshohlräume hin: Quarzbänder mit mehr oder weniger auffälligen Veränderungen in ihrem Verlauf, Risse und Absätze in einer Felswand, deutliche Einschnürungen im Schiefer oder auch Öffnungen, aus denen Wasser sickert. Hat er eine verborgene Kluft aufgespürt, dann gehört manchmal viel Geschick dazu, sie mit Hammer und Meißel zu öffnen. Gelegentlich würde man sich auch ein Mindestmaß an Selbstdisziplin bei Mineraliensammlern wünschen; seien es Liebhaber oder professionelle Geschäftemacher. Rücksichtslos komplette große Kristallhöhlen auszuplündern, die als ganzes viel viel wertvoller sind als die in Trümmer geschlagenen Bruchstücke daraus, zeugt nicht gerade von Gemeinsinn. So einmalige Naturschönheiten, wie etwa die Sandbalmhöhle bei Göschenen es einst war (vgl. Abb. 142 und 143), sollten der Nachwelt ungestört hinterlassen werden. Der weniger egoistische Naturfreund wird alles daransetzen, solche seltenen Plätze unter Schutz stellen zu lassen.

Auch der dritte Weg, Mineralien zu suchen, führt gelegentlich zum Erfolg. An manchen Orten gibt es sogenannte Sekundärlagerstätten, zum Beispiel dort, wo Wasser oder Eisströme Kristalle hingetragen haben, die die Verwitterung aus einer höher liegenden Wand herauspräpariert hat. Besonders ergiebig sind in mineralreichen Gebieten deshalb oft die Mittelmoränen von Gletschern.

Es kann nicht der Sinn dieses Buchs sein, eine komplette Gebrauchsanweisung zum Mineraliensammeln zu geben. Es will nur Geschmack machen, nur die Möglichkeit andeuten, ein wenig von den Naturwundern Europas in die Wohnung zu holen. Wie man's genau macht, sagen eine Reihe ausgezeichneter Fachbücher.

Steinerne Abbilder des Lebens

Ein verwandtes, ebenso faszinierendes und doch wieder ganz anderes Steckenpferd kann eine Versteinerungssammlung sein. Hier sind es ausschließlich die Sedimentgesteine, die das Herz des Hobbyisten höher schlagen lassen. Als sie sich ablagerten, haben sie zugleich auch abgestorbene Pflanzen und Tiere mit eingebettet, und bei ihrer späteren Verfestigung unter dem Druck nachfolgender Sedimente wurden auch die toten Schachtelhalme, Farne, Muscheln und Schnecken, Krebse, Seesterne und Seeigel, Tintenfische, Fische und sogar Riesenechsen und Vögel zu Stein.

Jedes Eiszeitalter hat seine ganz-bestimmten Lebensgemeinschaften, und deshalb haben sich die *Fossilien* als regelrechte erdgeschichtliche Uhr bewährt. Nicht nur vom biologischen Standpunkt sind die Fossilien deshalb interessant, auch der Geologe hat seine Freude daran, geben sie ihm doch oft eindeutige Hinweise dafür, zu welcher erdgeschichtlichen Formation ein Sedimentgestein gehört. Nicht weniger interessant sind die verschiedenen Versteinerungen in puncto Entstehung. Manchmal finden sich noch die kompletten Kalkschalen von Muscheln oder Schnecken, manchmal ist nur die Form selbst im Stein erhalten, zum Beispiel im kalkarmen Sandstein; denn Sickerwasser hat im Laufe der Jahrhunderttausende und Jahrmillionen den Kalk der Schalen aufgelöst (vgl. Abb. 246). Dann wieder haben sich aus den zersetzten Weichteilen der eingebetteten Tiere oder dem Holz abgestorbener Bäume unter dem wachsenden Sedimentdruck

162 Südschweden ist ein Land der Seen, Moore und Wälder. Daß die Landschaft zugleich etwas hügelig ist, verleiht ihr einen besonderen Reiz.

163 Abendstimmung am Luleelv bei Svartlå, der von Nordwesten in den äußersten Zipfel der Ostsee mündet. Farbsymphonien wie diese sind am Polarkreis keine Seltenheit, ...
164 ... wie auch das Bild vom Kilpisjärvi am schwedisch-finnisch-norwegischen Dreiländereck zeigt.

Schwefelmineralien gebildet: Die Fossilien sind pyritisiert (vgl. Abb. 247).

Versteinerungen zu sammeln hat noch einen besonderen Reiz. In manchen europäischen Gegenden gibt es sie nach wie vor in ungeheuren Mengen. Gerade das sind oft Regionen, die in ihrer Unberührtheit und Abgeschiedenheit den Individualisten unter den Naturfreunden – welcher Naturfreund wäre das nicht – ganz besonders stark ansprechen. Als Geheimtip mögen die weiten Hochflächen der Causses in Südfrankreich gelten... wenn ein rund 6000 Quadratkilometer großes Gebiet überhaupt ein Geheimtip sein kann. Standquartier läßt sich am günstigsten in den Städtchen Mende, Millau oder Lodève beziehen. Von dort aus lassen sich die verschiedenen Hochflächen, die Causse de Mende, die Causse de Sauveterre, die Causse Méjean, die Causse Noir und die Causse du Larzac gut abgrasen. Besonders fossilienträchtig sind die ausgetrockneten Rinnen kleinerer Wasserläufe. Das Terrain ist gewaltig.

Ende eines Buches – Anfang einer Reise?

Wer aber angesichts der grenzenlosen Möglichkeiten die Lust verlieren sollte, der wende sich nach Rouvignac. Dort gibt es schöne Stücke für die Mineraliensammlung, denn dort wird Baryt abgebaut. Oder er besuche eines der vielen Naturwunder der in dieser Hinsicht ganz und gar nicht unterprivilegierten Landschaft: die Tropfsteinhöhle von Armand vielleicht oder die versteinerte Stadt Montpellier-le-Vieux, die beeindruckende unterirdische Klamm von Bramabiau, die Tarnschluchten, die Käsegrotten von Roquefort oder die nicht fern liegende Camargue. Und wem das alles noch nicht reicht, der fahre an einen anderen Ort: Europa ist groß, seiner Naturwunder sind viele, und die zeitlose Landschaft der Causses, die manche davon in sich vereinigt, liegt im Herzen des Kontinents.

Naturwunder in Europa – wo sie zu finden sind

Norwegen
Gebirge

Rogalland-Setesdal-Hochland
Bergland im südlichsten Norwegen, nördlich der Linie Stavanger-Kristiansand. Wandergebiet.
Hardangervidda
Ausgedehntes Gebirgsplateau südlich der Eisenbahnlinie Oslo-Bergen. Wandergebiet.
Stölsheimen
Bergland, Wandergebiet nördlich von Bergen.
Finse-Fillefjell
Gebirgszug nördlich von Hardangervidda. Wandergebiet.
Jotunheimen
Eindrucksvollstes Gebirge Nordeuropas mit Norwegens höchsten Gipfeln, ca. 250 Kilometer nordwestlich von Oslo; hervorragendes Bergwandergebiet.
Rondane
Bergland nördlich Jotunheimen, zwischen dem Gudbransdal und dem Österdal. Beliebtes Wandergebiet.
Trollheimen und Sylene
Beliebte Bergwandergebiete südlich von Trondheim

165 Suomi – »Seenland«, nennen die Finnen ihre Heimat in der Landessprache. Geographen schätzen die Anzahl der finnischen Seen auf 66000! Das Photo zeigt den Keitele bei Viitasaari.
166 Die schottischen »Highlands« und »Islands« gehören zu den regenreichsten Gebieten Europas. Zwischen moorigen Wiesen liegen hin und wieder kleine Teiche und Seen, wie auf der Insel Skye.

167 Einer der berühmtesten Seen Europas ist das Loch Ness, das die nordwestschottischen Highlands vom übrigen Schottland trennt. Auch ohne sein weltbekanntes Monster würde es Ruhm verdienen, allein wegen der reizvollen Landschaft. Loch Ness liegt zusammen mit zwei anderen Lochs als langer schmaler See in einem uralten Bruchgraben, dem Great Glen, den die Eiszeitgletscher noch vertieft haben…

Norwegen
Gebirge

Börgefjell
Gebirgsnationalpark mit alpinem Charakter an der Grenze zwischen den Distrikten Nord-Tröndelag und Nordland.
Ostindangebirge
Einsame Bergkette aus schiefrigem Glimmer nahe der schwedischen Grenze zwischen Rana und dem Rösvatnsee. Geheimtip für widerstandsfähige Sportangler.
Sulitjelma-Gebirge und Saltfjellet
Kaum besuchtes, vergletschertes wildes Bergland südlich von Bodø, am Polarkreis gelegen. Geheimtip für wetterfeste Abenteurer.
Bergland zwischen Bodø und Tysfjord
Touristisch weitgehend unerschlossene Bergwildnis mit unglaublich interessanten Gipfelformen. Vorzüglich geeignet für verwegene Waldläufer und Kletterer.
Lofoten und Vesterålen
Zerklüftete Felseninsel vor der Westküste Nordnorwegens ohne Weg und Steg. Geeignet für »geländegängige« Gipfelstürmer, die Genußausblicke lieben.
Bergland von Troms
Zwischen Tromsø und Narvik. Beeindruckende Mischung aus Fjorden, Wäldern, Seen, Wildwassern, Felsengipfeln und Hochmooren. Durch die Straße E 6 und ihren Nebensträßchen erschlossen.
Ånderdalen-Nationalpark
Wildes Granitgebirge auf der Insel Senja. Geeignet für Naturfreunde, die eine stille und wahrhaft grandiose Landschaft lieben. Für Kletterer wegen des bröckligen Gesteins weniger empfehlenswert.
Lyngen
Gebirgige Halbinsel bei Tromsø. Eine der schönsten Berglandschaften Norwegens mit hohen zerklüfteten Gipfeln. Weg- und stegloses Paradies für Kletterer.
Finnmark-Hochebene
Hochplateau im Herzen Lapplands zwischen Tromsø und Hammerfest, aus dem einige wenige Berge steil aufragen. Polares Wandergebiet, in dem gelegentlich Moore, Flüsse oder dichtes Buschland zu Umwegen zwingen.

Norwegen
Gletscher

Jostedalsbreen
Mit 475 Quadratkilometern größtes Inlandeisfeld des Kontinents. Westlich von Jotunheimen. Idealer Tummelplatz für erfahrene ausdauernde Eisgeher. 24 lange und Dutzende kurzer Gletscherzungen. Die beeindruckendsten sind der Tunsbergdalsbreen, der Nigardsbreen, der Austerdalsbreen, der Birksdalsbreen.

Folgefonngletscher
Mit 220 Quadratkilometern drittgrößte Eisfläche Europas, zwischen Stavanger und Bergen. Eindrucksvolle Ostflanke mit Steilbruch. Gletscherbegehung wegen der vielen Spalten nur von erfahrenen Seilschaften von Mauranger oder Odda aus.

Svellnosbreen
Einer der Gletscher in Jotunheimen zwischen Galdhöpingen und Glittertind, dem höchsten Berg Norwegens. Auch für Naturfreunde ohne Eiserfahrung, da von der Hütte Spiterstulen täglich Führungen veranstaltet werden.

Svartisen
Das »Schwarze Eis«, mit 400 Quadratkilometern größter Gletscher Nordnorwegens, zwischen Rana und Salten. Stark abgeschmolzen (1905 hatte er eine Fläche von 498 Quadratkilometern). Von Mo i Rana mit dem Auto oder dem Boot gut erreichbar. Spaltenreicher Gletscher für erfahrene Eisgeher.

Sulitjelma
(siehe unter Gebirge). Den Bergkamm bedeckt ein großes spaltenreiches System von Kargletschern. Salajekna-Gletscher und Blåmansisen-Eis.

Norwegen verfügt neben den genannten Gletschern noch über eine große Fülle weiterer Eisfelder, die aber im allgemeinen nur für den ausgesprochenen Gletschertouristen einige Bedeutung haben dürften.

Erosion

Saltstraumen
In der Nähe von Bodø; interessante Winderosion in Sedimentgestein (vgl. Abb. 77).

168 ...Auch die finnischen Seen füllen während der Eiszeit vergletschertes Land aus, flaches Land allerdings...

169 ...Typisch für stehende Gewässer in den Mulden ehemaliger Talgletscher sind fast alle Alpenseen. Hier der Vierwaldstädter See bei Luzern.
170 Moorland muß nicht immer so ausgedehnt sein wie in Nordeuropa, um landschaftlich reizvoll und biologisch interessant zu sein. Das kleine Aegeriried liegt rund 50 Kilometer südöstlich von Zürich im verträumten Hochtal des Biberbaches bei Rothenthurm.

Norwegen
Höhlen

Grönligrotten,
Bjørnågrotten,
Hammernesgrotten
Drei schlecht erschlossene Kalkhöhlensysteme in der Nähe von Mo i Rana. Aktive Flußhöhlen. Im gleichen Gebiet gibt es vier Höhlen von über zwei Kilometern Länge und rund hundert kleinere Höhlen, die alle nicht erschlossen sind.

Wasserfälle

Latefoss
Südlich von Odda, südöstlich von Bergen.
Vøringfoss
Bei Eidfjord östlich des Hardangerfjordes. Einer der beeindruckendsten norwegischen Wasserfälle. 163 Meter tief stürzt der Bjoreia in einen Cañon.
Ryfoss
Im Begnatal, südlich von Jotunheimen bei Øylo.
Vettisfoss
Bei Skogadalsbøen nördlich des Årdalsfjords des östlichsten Arms des Sognefjords. Beeindruckender, 370 Meter hoher Fall, 275 Meter senkrechte Fallhöhe. Höchster Wasserfall Norwegens.
Harpefoss
In der Nähe des gleichnamigen Orts nordwestlich von Lillehammer.
Huldrefoss
In der Nähe von Førde, östlich von Florø am Ende des Førdefjords.
Storseterfoss
Bei Geiranger am Ende des Geirangerfjords.
Syv Søstre
(Sieben Schwestern) im Geirangerfjord.
Ålvundfoss
Nördlich von Sunndalsøra, im Südosten von Kristiansund.
Leirfossene
Im Nidelv bei Trondheim.
Fiskumfoss
Bei Fiskum nördlich von Namsos.
Målselvfoss
Bei Bardufoss südlich von Tromsø.

Norwegen

Wasserfälle

Mollius
An einem rechten Nebenfluß des Reisaelv, südöstlich von Bilto, östlich von Tromsø. Schwer erreichbar aber lohnend.

Meeresküsten

Fjordlandschaft Westnorwegens
Zwischen Stavanger und Kristiansund liegen die eindrucksvollsten Fjorde des Westlands: Hardangerfjord, Sognefjord, Nordfjord, Geirangerfjord und Romsdalsfjord.
Vestfjorden
Das Gebiet nördlich von Bodø mit den unwirtlichen Felseninseln der Lofoten (Trollfjord nördlich von Svolvær!) und dem charakterlich ähnlichen gegenüberliegenden Festland gehört zu den wildesten Meereslandschaften Europas.
Røst
Hundert Kilometer vor der Westküste Norwegens gelegene Inselgruppe aus steilen Felsengipfeln, in deren Wänden ca. vier Millionen Seevögel nisten.
Senja
Die Westseite der Insel Senja zwischen Narvik und Tromsø ist eine urwüchsige Fjordlandschaft.
Lyngen
Östlich von Tromsø. Einer der hübschesten Fjorde Norwegens, umgeben von hohen zerklüfteten Bergen.
Nordkap
Das Kap auf der Insel Magerøy ist keineswegs der nördlichste Punkt Europas. Der schwarzgraue Schieferfelsen ragt 307 Meter aus dem nördlichen Eismeer empor.

Wälder

Norwegen ist sehr reich an borealen Wäldern. Zu den bedeutendsten Urwäldern gehören:
Das Trolltal im Ånderdalen-Nationalpark
auf der Insel Senja nordwestlich von Narvik.
Der Övre Pasvik Nationalpark
Nahe der finnischen und der russischen Grenze in der Finnmark. Ausgedehnte Kiefernwälder, Sümpfe, Moore und Seen bilden hier den wertvollsten norwegischen Urwald. Es ist der westlichste Ausläufer sibirischer Taiga.

171 Im »Grundlosen Moor«, einem der unzähligen Feuchtgebiete im Großraum südwestlich von Hamburg, blüht das Wollgras. ...
172 ...Daß hier Torf gestochen wird, verhindert einerseits die völlige Verlandung und damit Veränderung dieser Landschaftsform; andererseits kann sich bei senkrechten Stichen wie auf diesem Bild nur schwer eine gesunde Uferflora entwickeln.

173 Eines der merkwürdigsten Feuchtgebiete Europas ist die Dombes nördlich von Lyon...
174 ...12000 Hektar Wasserfläche verdanken ihren Ursprung einem Entschluß der einheimischen Bauern im späten Mittelalter: Sie setzten ihre Felder unter Wasser.

Norwegen
Mineralien

Kragerø
An der südnorwegischen Küste. Fundmöglichkeiten für Mineralien im Granit-Pegmatit; unter anderem Turmalin und Beryll.
Iveland
Gebiet im Norden von Kristiansand (bis Evje) mit Mineralienfundmöglichkeiten im Pegmatit (unter anderem Muskovit, Beryll, Biotit).

Schweden
Gebirge

Kebnekajse-Gebiet
Südwestlich von Kiruna. Arktisches Wandergebiet in Europas größtem Naturschutzpark, erschlossen durch den über 300 Kilometer langen Königsweg, den »Kungsleden«, von Abisko bis Ankarede.
Sarek-Nationalpark
Arktisches, wenig besuchtes Bergparadies für Individualisten.

Gletscher

Kleine Eisfelder im Kebnekajse- und im Sarek-Gebiet.

Wasserfälle

Åbiskojok-Fälle
Bei Åbisko in Schwedisch-Lappland.
Stora Sjöfallet
Bei Saltoluokta in Schwedisch-Lappland (vgl. Abb. 154).
Harsprånget
Bei Porjus, wo der Luleälv aus dem Lulesee fließt. Einst größte Wasserfälle Schwedens. Heute weitgehend durch ein Elektrizitätswerk beansprucht.

Erosion

Insel Gotland
An der Küste die sogenannten »Raukar«, bizarre erodierte Türme aus Granit.

Seen

Arktische Bergseen
Großartige Naturparadiese am Osthang der nordschwedischen Gebirge, wie Torne Träsk, Akkajaure, Vastenjaure und Virihaure, Tjaktjajaure, Uddjaur.
Südschwedische Seenplatte
Mit sehr malerischen Waldseen jeder Größe, im wesentlichen zwischen Göteborg und Stockholm gelegen.

Schweden
Meeresküsten

Fjorde
Zwischen Göteborg und der norwegischen Grenze, Die zerklüftete Küste ist ein Dorado für Segler aller Klassen.
Schärenküste
In der näheren und weiteren Umgebung von Stockholm, mit Abertausenden kleiner vorgelagerter Felseninseln.

Wälder

Ganz Schweden ist reich an ausgedehnten, typisch nordeuropäischen Mischwäldern, wo Kiefern, Fichten und Birken vorherrschen.

Mineralien

Långban
Bei Filipstad in Südschweden. Verschiedene Mineralien in Manganerz-Vorkommen.
Falun
250 Kilometer nordwestlich von Stockholm mit weltbekanntem »Kupferberg«. Viele verschiedene metallhaltige Mineralien.
Boliden
Nordöstlich von Skelleftea. Vielseitige Fundmöglichkeiten.
Varuträsk
In der Nähe von Skelleftea. Beryll, Turmalin und andere.
Kiruna
Bergbauzentrum in Nordschweden mit Mineralfund-Möglichkeiten (Turmalin und andere) bei Kirunavaara und Luossavaara.

Finnland
Seen, Moore, Wälder

Inari
Sehr großer See in beeindruckender arktischer Landschaft im hohen Norden Finnlands.
Süd- und Mittelfinnland
Ausgedehnte flache Seenplatte mit Tausenden von Seen jeder Größe, die oft miteinander verbunden sind. Dazwischen Moorland und endlose nordische Wälder. Von Lappeenranta im Süden und Kuopio im Zentrum Südfinnlands gehen mehrere längere Binnenschiffahrtslinien aus.

Meeresküsten

Schärenküste
Mit Tausenden kleiner waldiger Inseln zwischen Turku und der Insel Ahvenanmaa.

175 Abend am Neusiedlersee. Das große Gewässer im Osten Österreichs ist nirgends tiefer als zwei Meter, meist aber weitaus flacher. Seine verlandenden Ufer sind ausgedehnte Vogelschutzgebiete.

176 Das Zwischenmoor im kleinen südwestdeutschen Naturschutzgebiet »Federsee« westlich von Biberach zeigt schön den Übergang vom Flachmoor zum Bruchwald. Der See selbst ist an dieser Stelle schon vollkommen verlandet.

177 Eine Rarität für Botaniker bieten die sumpfigen Ufer des Ciane-Quelltopfs südwestlich von Syrakus auf Sizilien. Hier hat sich seit undenklichen Zeiten ein Bestand der orientalischen Papyrusstauden erhalten.

178 Landschaftsraubbau hat die Feuchtgebiete Italiens beinahe vollständig vernichtet. Ein eindrucksvoller Restbestand sind die Maremmen an der Ombrone-Mündung bei Grosseto.

Finnland
Mineralien

Outokumpu
In Ostfinnland. Bedeutende Kupfererz-Vorkommen mit schönen Begleitmaterialien.
Kotalahti
Zwischen Kuopio und Varkaus. Nickel-Kuper-Vorkommen mit Begleitmaterialien.
Korsnäs
Ca. 50 Kilometer südwestlich von Vasa. Bleiglanz, Magnetkies, Calcit und andere.
Vihanti
Ca. 70 Kilometer südlich von Oulu. Pyrit, Zinkblende, Bleiglanz u.a.
Viitaniemi
Bei Eräjärvi. Quarz, Beryll, Topas, Turmalin und andere.

Island
Vulkane und vulkanische Erscheinungen

Island ist eines der vulkanisch aktivsten Gebiete der Welt. Im letzten Jahrtausend waren nicht weniger als 30 Vulkane aktiv. Heute gibt es entsprechend viele postvulkanische Erscheinungen.
Öræfajökull
Kegelvulkan mit Eiskappe.
Eyjafjallajökull
Kegelvulkan mit Eiskappe.
Skjaldbreidur
Bedeutender Schildvulkan.
Hekla
Großer bekannter Polyvulkan.
Laki
Lange Kraterreihe auf einer Ausbruchspalte.
Vestmannaeyjar
Vulkanische Inselgruppe vor Islands Südküste.
Deildartunga
Im Borgarfjord. Größte Thermalquelle der Welt.
Haukaldalur
Thermalquellen- und Geysirgebiet. Sehr eindrucksvoll.
Solfatarenfelder
Insgesamt dreizehn, die alle in einer Zone liegen, die sich quer durch ganz Island zieht. Viele sind sehr eindrucksvoll, zum Beispiel das Solfatarenfeld am Námafjall.

Island

Gebirge und Gletscher

Ganz Island ist ein einziges vulkanisches Bergland. Im Zentrum und im Südosten finden sich gewaltige Vergletscherungen. Im einzelnen sind das:

Vatnajökull

Mächtigster Plateaugletscher Europas: 8500 km^2 groß und bis zu 1000 m dick!

Hofsjökull

Großer Plateaugletscher im Zentrum Islands.

Langjökull

Großer Plateaugletscher zwischen Reykjavik und Hofsjökull.

Myrdalsjökull

Großer Plateaugletscher im Inselsüden mit einer großartigen Zunge nach Westen, dem Eyjafjallajökull.

Höhlen

Island besitzt eine Reihe von Lavahöhlen. Die längste ist der Surtshellir im Lavastrom Hallmundarhraum.

Wasserfälle

Skógafoss

Sehr imposanter Wasserfall am Eyjafjallajökull.

Godafoss

Der sagenumwobene »Götterfall« im zentralen Norden Islands.

Gullfoss

Faszinierend vielseitiger Wasserfall in einem Cañon im Südwesten der Insel.

Dettifoss

Gewaltiger Wasserfall im Nordosten.

Meeresküsten

Island hat viele ungemein imposante und wilde Felsküsten. Zu den schönsten zählen:

Dyrhólæ y

Im Zentrum der Südküste.

Kap Portland

Ebenfalls an der Südküste.

Vestmannaeyjar

Felsküsten der Inselgruppe im Süden Islands.

179 Zauber der Camargue: endlose Marschen, ein halbwildes weißes Pferd und eine kleine Herde schwarzer Stiere.

180 Im Sommer verwandeln sich weite Teile der Camargue-Lagunen in lebensfeindliche Trockensteppen. Nur an den von Monat zu Monat zurückweichenden Uferzonen gedeihen noch widerstandsfähige salzliebende Pflanzen.

181 Im Nordwesten der kleinen Orkney-Insel Hoy ragen die höchsten Klippen der Britischen Insel steil und majestätisch wie die Mauern eines alten Burgfrieds aus dem Atlantik auf: das 346 Meter hohe St. John's Head aus geschichtetem rotem Sandstein.

Dänemark
Meeresküsten

Das Klint
130 Meter hohe Kreidefelsen mit eingelagerten Feuersteinen an der steilen Ostküste der Insel Møn (vgl. Abb. 195). Wandermöglichkeiten!
Seeland, Fünen, Lolland-Falster, Bornholm
Diese dänischen Inseln besitzen schöne, abwechslungsreiche Strände: Klippenküsten, waldgesäumte Buchten, Sandstrand.

Fossilien

Das Klint
Die steilen Kreidefelsen der Ostküste von Møn sind reich an Versteinerungen. Die fortschreitende Erosion legt sie nach und nach frei: Belemniten, Kiesel- und Kalkschwämme, Korallen, Seeigel, Muscheln und so weiter.

Großbritannien und Irland
Vulkanische Erscheinungen

Giant's Causeway
An der Nordküste Irlands bei Bushmills. Bedeutendste und schönste Ansammlung von Basaltsäulen in Europa (vgl. Abb. 18 bis 20).
Fingal's Cave
Siehe unter Höhlen.

Bergland

Die schottischen Highlands
Die schönsten schottischen Bergregionen liegen im Hinterland der Westküste Nordschottlands, nördlich von Oban; außerdem westlich und südlich von Pitlochry und auf der Insel Arran. All diese Gebiete sind reich an majestätischen Gipfeln, weiten Wiesentälern mit Hochmooren, Flüssen und Bergseen. Ein Land für Naturfreunde, die großartige Stille und Weite suchen.

Erosion

Außer den auf den Inseln häufigen Steilküsten (vgl. Meeresküsten) sind besonders die Felsennadeln der Isle of Skye in Westschottland bemerkenswert, zum Beispiel der »Old Man of Storr« (an der Ostküste) und »Quirang« (am Sträßchen zwischen Uig und Stenscholl). – Außerdem sind die ausgedehnten Karrenfelder des Burren in Westirland südlich der Galway Bay als eine der schönsten europäischen Karstlandschaften einen Besuch wert.

Groß-britannien
Höhlen

Dan yr ogof
Bei Swansea. Eine der größten und schönsten Tropfsteinhöhlen der Britischen Inseln.
Cathedral Cave
Bei Swansea in unmittelbarer Nähe von Dan yr ogof. Ebenfalls besonders sehenswert.
Gough's Cave
Südwestlich von Bristol. Sehr schöne Tropfsteinhöhle mit beeindrukkenden Sinterbecken. In unmittelbarer Nähe die ebenfalls herrliche Cox's Cave und die Waterfall Cave.
Wooky Hole
Südwestlich von Bristol. Höhle mit interessanten Erosionserscheinungen.
Kent's Cavern
Südlich von Exeter. Mit herrlichen bunten Versinterungen und prähistorischen Funden.
Blue John Cavern
Südöstlich von Manchester bei Castleton. Mit reichen Kristallbildungen und vielen Fossilien.
Peak Cavern
Ebenfalls bei Castleton. Mit interessanten Erosionserscheinungen.
White Scar Cave
Nordöstlich von Lancaster bei Ingleton. Unterirdischer Fluß, schöne Tropfsteine, auch Exzentriker.
Ingleborough Cave
Nordöstlich von Lancaster bei Ingleton. Schöne Exzentriker. In unmittelbarer Umgebung das große unerschlossene Höhlensystem von Ease Gill.
Fingal's Cave
Auf der schottischen Insel Staffa. Vulkanische Höhle unmittelbar an der Küste mit beeindruckenden Basaltsäulen. Schwer zu erreichen.
Dunmoore Cave
Nördlich von Kilkenny (Südirland), mit vielfältigen bunten Versinterungen.
Mitchelstown Cave
Zwischen Caher und Mitchelstown in Südirland. Schöne Tropfsteinhöhle.

182 Der weltbekannte Schottenrock, der Kilt, hat diesen Steilfelsen an der Ostküste der gebirgigen Insel Skye ihren Namen gegeben. Kilt-Rock heißen sie wegen ihrer säuligen Struktur, die an plissierten Stoff erinnert.

183 Der Old Man of Hoy ist die größte steinerne Säule der Welt. Einsam trotzt der 137 Meter hohe Pfeiler aus brüchigem Sandstein vor der Westküste der Insel Hoy dem Sturm und der Brandung des Atlantiks.

Groß-britannien
Wasserfälle

Glendhu
In Nordwestschottland, östlich von Unapool, am Ostende des Loch Glendu.
Shin Falls
Am Ende des Dornoch Firth in Nordostschottland.
Falls of Measach
Bei Braemore südöstlich von Ullapool in Nordwestschottland.
Glen Elchaig
Nordwestschottland, ostsüdöstlich von Stromeferry.
Glen Massan
Südwestschottland, nordwestlich von Dunoon auf der Halbinsel Cowall. In einem landschaftlich äußerst reizvollen Bergtal.

Seen und Moore

Die schottischen Highlands (besonders die nördlichen) sowie die Orkney-Inseln sind reich an landschaftlich äußerst eindrucksvollen Hochmooren und malerischen Seen. Besonders sehenswert sind die endlosen Hochmoore an der nordschottischen Küstenstraße zwischen Cape Wrath (Vogelparadies!) und Thurso. Charakteristisch für Schottland sind außerdem die Lochs, langgestreckte, unter den Grundwasserspiegel gesunkene ehemalige Flußtäler (vgl. Abb. 167).

Meeresküsten

Orkney-Inseln
Viele sehr eindrucksvolle Sandstein-Steilküsten, unter ihnen die höchsten der Britischen Inseln im Nordwesten der Insel Hoy (St. John's Head, Old Man of Hoy, vgl. Abb. 181, 183).
Isle of Skye
Westschottland. Sehenswerte Steilküsten (Kilt Rock) an der Nordostküste.
Küste bei Bushmills
Im Norden Nordirlands. Viele Kilometer lange, sehr abwechslungsreiche Steilküste mit herrlichen Wandermöglichkeiten (vgl. vulkanische Erscheinungen: Giant's Causeway).
Cliffs of Moher
Westirland, an der Küste zwischen Galway und Limerick. Äußerst eindrucksvolle Klippen (vgl. Abb. 185).

Großbritannien
Meeres-Küsten

Laugharne Sands
Bemerkenswert schöner Sandstrand im Süden von Wales in der Carmarthen Bay nordwestlich von Swansy.
Land's End
Wilde Felsensteilküste im äußersten Südwesten Englands.
Chalk Cliffs
Hohe Kreideriffe südlich von Dover an der Kanalküste.

Mineralien

Bellsgrove-Mine
Bei Strontian im Argyllshire, Schottland. Auf den alten Halden der aufgelassenen Mine Harmotom-Kristalle, Bleiglanz, Pyrit und Calcit.
Settlingstone Mine
Nordwestlich von Hexham/Northumberland. Baryt, Bleiglanz, Fluorit.
Egremont
Cumberland. In der Umgebung der Stadt viele Minen mit guten Funden von Hämatit-, Quarz-, Baryt- und Calcit-Kristallen.
Shap
Südlich von Penrith. In Steinbüchen Orthoklas- und Granat-Kristalle.
Yate
Bei Bristol. Nördlich des Orts Coelestin-Tagebau mit schönen Drusen.

Niederlande
Meeres-küsten

Nordseeküste zwischen Den Haag und Den Helder
Rund 120 Kilometer langer Sandstrand mit ausgeprägten Dünen.
Friesische Inseln
Texel, Vlieland, Terschelling, Ameland, Schiermonnikoog sowie einige kleinere Inseln besitzen durchweg im Norden Sandstrände mit herrlichem Dünenhinterland. Auf der Südseite (Wattenmeer) Vogelschutzgebiete.

Belgien
Höhlen

Grotte du Pont d'Arcole
Südwestlich von Dinant. Schöne Tropfsteinhöhle.
Grotte de Dinant »La Merveilleuse«
Bei Dinant. Aktive Tropfsteinhöhle mit unterirdischem See.

184 Rackwick auf Hoy – eine Handvoll Hütten am Rande der Welt; dahinter die Klippen von Lyrie Geo und der Ozean, der sie geschaffen hat und den bis Kanada kein Festland mehr unterbricht.
185 Warum die Klippen von Moher bei Liscanor an der irischen Westküste auf Bildern immer so düster wirken? – Weil sie so düster sind. Um 204 Meter überragt ihr höchster Punkt den Meeresspiegel.

186 Wirklich beeindruckende Steilküsten bilden sich nur in Schichtgestein. Hier kann die Brandung den Unterbau auswaschen. Was nachbricht, löst sich in mächtigen Blöcken und Türmen und hinterläßt vertikale Wände. – Breck Ness bei Stromness (Orkney Mainland).

187 Meer, Himmel und Berge schmelzen im Sound of Raasay, östlich der Felseninsel Skye, zu einer einzigen Harmonie: der schottischen Landschaft.

Belgien
Höhlen

Grotte de Han
Bei Han-sur-Lesse (vgl. Abb. 131). Sehr bekannte Großhöhle (größte Höhle Belgiens) mit unterirdischem Fluß und mächtigen Tropfsteinsäulen.
Grotte de Rochefort
In Rochefort, nur vier Kilometer von der Grotte de Han entfernt. Schöne Kristallbildungen.
Grotte des Mille et une Nuits
Bei Hotton, 40 Kilometer östlich von Dinant. Besonders schöne Tropfsteinhöhle mit farbigem Sinter, Sinterbecken und Exzentrikern.
Grotte de Remouchamps
In Remouchamps. Sehr schöne Tropfsteinhöhle mit einem 140 Meter langen und 40 Meter hohen Höhlensaal.
Grotte de Comblain-au-Pont
Bei Comblain. Schöne abwechslungsreiche Tropfsteinhöhle.

Moore

Hohes Venn
Sehr ausgedehntes Hochmoorgebiet mit guten Wandermöglichkeiten (Stiefel!) auf den Hochflächen der Ardennen im Südosten Belgiens.

Luxemburg
Bergland

»Luxemburgische Schweiz«
Waldland mit schönen Kalkriffen im zentralen Osten des kleinen Landes.

Bundesrepublik Deutschland
Vulkane

Eifelvulkane
Bergland aus etwas 200 alten Basaltkuppen mit einer Reihe schöner Kraterseen (Maare), zum Beispiel Laacher See, Dauner Maare, Polvermaar, Meerfelder Maar.
Kaiserstuhl
110 Quadratkilometer große, seit dem Tertiär erloschene vulkanische Gebirgsinsel in der Oberrheinebene. Auf den alten Lavaböden wachsen erlesene Weine.

Gebirge

Bayerische Alpen
Landschaftlich sehr reizvolles Kalkalpengebiet längs der österreichi-

Bundesrepublik Deutschland
Gebirge

schen Grenze. Höchster Berg ist die Zugspitze bei Garmisch-Partenkirchen (2963 Meter).

Schwäbischer und Fränkischer Jura
Vom Südwesten der Bundesrepublik nach Osten bis etwa Bayreuth ziehendes Kalkgebirge mit vielen interessanten Karsterscheinungen. Besonders sein Südwestteil (Schwäbische Alb) ist ein sehr beliebtes Wandergebiet.

Schwarzwald
Im Südwesten der BRD. Sehr altes, besonders im Norden nadelwaldreiches Faltengebirge mit einem hervorragenden Netz von Wanderwegen.

Odenwald
Liebliches Mittelgebirge nordöstlich von Mannheim.

Spessart
Eines der waldreichsten Mittelgebirge Deutschlands im Südosten von Frankfurt.

Bayrischer Wald
Waldreiches Mittelgebirge im Südosten der BRD längs der tschechischen Grenze.

Rhön
Rauhes, weitgehend kahles Bergland in Osthessen.

Harz
Fichtenreiches Bergland nordöstlich von Göttingen mit schönen Hochmooren.

Andere Mittelgebirge
Außerdem verfügt Westdeutschland über eine größere Anzahl weiterer, meist recht waldiger Mittelgebirge, die fast durchweg beliebte Wandergebiete sind; darunter der Taunus, westlich von Frankfurt, der Hunsrück östlich von Trier, die Eifel westlich von Koblenz, der Westerwald südöstlich von Bonn.

Erosion

Felsenmeer
Im nordwestlichen Odenwald auf dem Gipfel des Felsbergs bei Reichenbach. Erosionshalden von Granitblöcken.

Luisenburg
Bei Wunsiedel im Fichtelgebirge. Sehr sehenswertes romantisches Chaos aus Granitblöcken.

188 Im äußersten Westen der Halbinsel Crozon in der Bretagne ragt die Pointe de Penhir ins Meer hinaus, eine felsige Landzunge, vor der ein paar malerische Granitinseln liegen.
189 Côte Sauvage auf der Belle-Ile – Wilde Küste auf der Schönen Insel. So steht es auf der Landkarte. Treffender läßt sich der herbe Reiz dieser Gestade aus Meer und Granit nicht beschreiben. Die Belle-Ile liegt vor der Südküste der Bretagne.

190 Im Vorgebirge Ponta da Piedade in der Algarve bei Lagos (Portugal) hat das Meer aus dem bröckligen Sedimentgestein eine wundersame Szenerie geformt: Türme und Zinnen,...

Bundesrepublik Deutschland

Erosion

Dreisessel
Verwitterte Granitfelsengruppe bei Haidmühle im südöstlichsten Bayrischen Wald.

Steinernes Meer
Ausgedehntes und sehr beeindruckendes alpines Karrenfeld im äußersten Südosten der BRD auf der Grenzlinie nach Österreich.

Wental
Bei Bartholomä, südöstlich von Schwäbisch Gmünd. Schöne Kalkerosionsfelsen.

Externsteine
Vier bis zu 38 Meter hohe pittoreske Sandsteinfelsen bei Horn im Kreis Detmold (Teutoburger Wald).

Klammen und Schluchten

Donaudurchbruch bei Weltenburg
In der Nähe von Kelheim, westlich von Regensburg. Cañon im Jura.

Almbachklamm
Ca. sieben Kilometer nordöstlich von Berchtesgaden. Malerische Klamm.

Wimbachklamm
In der Nähe von Ramsau im Berchtesgadener Land.

Partnachklamm
Bei Garmisch-Partenkirchen. Eindrucksvolle Klamm (vgl. Abb. 84).

Höllentalklamm
Bei Garmisch-Partenkirchen. Einen Kilometer lange, eindrucksvolle Klamm.

Breitachklamm
Sieben Kilometer südwestlich von Oberstdorf. Eindrucksvolle Klamm.

Starzlachklamm
Bei Sonthofen im Allgäu.

Höhlen

Westdeutschland verfügt über 93 erschlossene Schauhöhlen. Mit die schönsten davon sind:

Iberger Tropfsteinhöhle
In Bad Grund im Westharz. Hübsche Tropfsteinhöhle.

Bundesrepublik Deutschland
Höhlen

Dechenhöhle
Bei Letmathe, ca. 30 Kilometer nordöstlich von Wuppertal. Reichhaltige Tropfsteinhöhle.
Attahöhle
Bei Attendorn, ca. 50 Kilometer nordöstlich von Wuppertal. Große Tropfsteinhöhle mit phantastischen Sinterbildungen.
Wiehler Tropfsteinhöhle
Bei Wiehl, ca. 40 Kilometer östlich von Köln. Sehr schöne Tropfsteinhöhle mit vielgestaltigem Sinter und Calcit-Kristallen.
Erdmannshöhle
Bei Wehr, 25 Kilometer nordöstlich von Basel. Mit eindrucksvollen großen Stalagmiten.
Eberstadter Höhle
Bei Eberstadt in der Nähe von Buchen im Odenwald. Schöne Tropfsteinhöhle (vgl. Abb. 118, 124).
Friedrichshöhle
Bei Wimsen, ca. 40 Kilometer südwestlich von Tübingen. Mit Booten befahrbarer unterirdischer Fluß.
Bärenhöhle
Bei Erpfingen, 20 Kilometer südöstlich von Tübingen. Schöne Tropfsteinhöhle.
Nebelhöhle
Bei Genkingen, ca. 16 Kilometer südöstlich von Tübingen. Schöne Tropfsteinhöhle.
Laichinger Tiefenhöhle
Bei Laichingen, ca. 25 Kilometer nordwestlich von Ulm. 103 Meter tiefe Schachthöhle mit einigen schönen Versinterungen.
Charlottenhöhle
Bei Hürben, ca. 25 Kilometer nordöstlich von Ulm. Schöne Tropfsteinhöhle.
Binghöhle
Bei Streitberg, ca. 40 Kilometer nordöstlich von Nürnberg. Spalthöhle mit sehr schönen Wandversinterungen und Tropfsteinen.
Teufelshöhle
Bei Pottenstein, ca. 40 Kilometer nordöstlich von Nürnberg. Schöne Tropfsteinhöhle.

191 ...Klippen und Wände,...
192 ...Bögen und Brücken.

193 Wie eine gigantische Schichttorte aus Kreide und Feuerstein baut sich die Steilküste der Falaise d'Aval am Badestrand von Étretat nordöstlich von Le Havre in der Normandie auf...

194 ... Sehr ähnliche Formen hat 1500 Kilometer weiter südlich das Adriatische Meer aus den Kreide-Feuerstein-Schichten bei Vieste im Gargano (das ist der Sporn am italienischen Stiefel) gestaltet. Der isolierte Turm heißt Pizzo Munno...

Bundesrepublik Deutschland
Höhlen

Schellenberger Eishöhle.
Ca. 10 Kilometer südwestlich von Salzburg. Einzige erschlossene Eishöhle Deutschlands. Ca. 2,5 Kilometer Wanderweg von Marktschellenberg oder Parsturm.

Wasserfälle

Rheinfall
Bei Schaffhausen. Bedeutendster Wasserfall im Verlauf des Oberrheins.
Argen-Wasserfälle
Bei Isny im Allgäu.
Stuibenfall
Im malerischen Oytal bei Oberstdorf (zwei Stunden Paßweg).
Isarfall
Bei Wallgau südlich des Walchensees.
Klammbachfall
Südwestlich von Wildbad Kreuth am Achenpaß.
Uracher Wasserfall
Bei Urach in der Schwäbischen Alb.
Triberger Wasserfälle
Bei Triberg im Schwarzwald. Höchste Wasserfälle in Deutschland (Kaskaden).
Romkerhaller Wasserfall
Im Okertal südlich von Goslar/Harz.
Radau-Wasserfall
Bei Bad Harzburg im Harz.

Moore

Federsee
Bei Bad Buchau, westlich von Biberach. Verlandeter See (vgl. Abb. 176).
Donaumoos
Nordöstlich von Ulm. Weites Riedland.
Wildsee
Malerisches Hochmoorgebiet im Nordschwarzwald, oberhalb von Wildbad. Sehr schönes Wandergebiet.
Hochmoore im Harz
Nördlich der Harzhochstraße zwischen Dammhaus und Oderteich.

Bundesrepublik Deutschland

Moore

Großes Moor
Zwischen Wolfsburg und Celle.
Lichtenmoor
Nördlich von Nienburg.
Großes Moor
Nordwestlich von Minden.
Großes Moor
Nördlich von Diepholz.
Westermoor und Ostermoor
Ausgedehnte Moorgebiete zwischen Oldenburg und Papenburg.
Bourtanger Moor
Nordwestlich von Meppen, an der holländischen Grenze bis weit nach Holland hineinreichend.

Meeresküsten

Insel Sylt
Schöne Sandstrände und weiträumiges Dünenland.
Ostfriesische Inseln
Borkum, Juist, Norderney, Baltrum, Langeoog, Spiekeroog und Wangerooge. Die Inseln besitzen im Norden Sandstrände, im Süden grenzen sie an das Wattenmeer. Viele Seevogelkolonien.

Wälder

Die Deutsche Bundesrepublik ist sehr waldreich, besonders in den Mittelgebirgen (siehe unter Gebirge). Heidewälder mit Wacholderbäumchen finden sich in der Lüneburger Heide bei Wilsede.

Mineralien

Maubach
Bei Düren. Bleiglanz, Kupferkies und andere.
Suttrop und Warstein
Ca. 25 Kilometer südlich von Lippstadt. Schöne Bergkristalle.
Vlotho
Ca. 20 Kilometer südlich von Minden. Pyritkristalle im Mergel.
Ramsbeck
Ca. 35 Kilometer südlich von Soest. Bleiglanz, Zinkblende, Quarz.
Mahlscheid
Bei Herdorf. Aragonit in Kugelform.
Laacher See
In der Eifel. Verschiedenartige Kristalle in vulkanischen Tuffen.

195 …Und noch einmal Kreide und Feuerstein: Tausend Kilometer nordöstlich von Étretat, 1500 Kilometer nördlich von Vieste, erhebt sich auf der kleinen dänischen Insel Møn das »Klint«.

196 Fjorde gibt es nicht allein in Norwegen. Dieser hier schneidet sich in die Kalkfelsküste zwischen Marseille und Toulon ein, die Calanque d'En Vau, rund drei Kilometer westlich von Cassis.

197 Die großartigen Fjorde der norwegischen Westküste besitzen Weltruf. Einer der berühmtesten ist der enge Geirangerfjord...
198 ...Kaum weniger eindrucksvoll sind die nach Dutzenden zählenden anderen norwegischen Fjorde. Besonders abends malt die Natur hier Stimmungsbilder von ergreifender Melancholie, sentimental und hart zugleich (Seitenarm des Sognefjords).

Bundesrepublik Deutschland
Mineralien

Waldalgesheim
Bei Bingen. Gruben Amalienhöhe und Eliesenhöhe. Pyrolusit, Glaskopf und andere.
Rockenhausen
Ca. 30 Kilometer südlich von Bad Kreuznach. In einem Steinbruch Quarz, Amethyst, Calcit.
Kirn
An der Nahe. In einem Steinbruch Quarz, Amethyst, Calcit.
Idar-Oberstein
Und Umgebung. Verschiedene Steinbrüche mit Achat, Amethyst, Quarz und anderen.
Reichweiler und Eckersweiler
Bei Baumholder. Auf den Feldern gelegentlich Achat, Quarz, Nadeleisenerz.
Freisen
Ca. 5 Kilometer südöstlich von Nohfelden. Steinbruch mit schönen Quarzdrusen und anderen.
Usingen
Ca. 15 Kilometer westlich von Bad Nauheim im Taunus. In zwei Steinbrüchen Quarzkristalle.
Roßberg
Bei Roßdorf östlich von Darmstadt. Zeolith-Mineralien in Basaltsteinbruch.
Duingen
Ca. 35 Kilometer nordwestlich von Hildesheim. Bei einer Ziegelei Analcim-Kristalle.
Farmsen
Bei Hildesheim. Bei einer Ziegelei Siderit-, Calcit- und Quarz-Kristalle.
Bad Grund
Im Harz. In der Grube *Hilfe Gottes* Blei-, Zink- und Kupfer-Mineralien, Calcit.
Förste
Bei Osterorde im Harz. Gipstagebau mit vereinzelten großen Gips-Kristallen.

Bundesrepublik Deutschland
Mineralien

Ellmendingen und Dietlingen
Südwestlich von Pforzheim. Auf den Feldern zwischen den Ortschaften graubraune Quarzkristalle.
Artenberg
Bei Steinach im Schwarzwald. In einem Steinbruch Calcit-Dolomit-Kristalle.
Wolfach
Im Schwarzwald. Auf den Halden der Grube *Klara* vor allem schöne Baryt- und Fluorit-Kristalle.
Gallenbachtal
Grube Daniel bei Schenkenzell: Baryt mit eingewachsenen Kristallnadeln.
Oberschaffhausen
In einem Steinbruch Drusen, besonders mit Natrolith und Calcit.
Niederrotweil
Am Kaiserstuhl. Steinbruch mit Natrolith-, Calcit-, Granat-Kristallen und anderen.
Urberg
Bei St. Blasien. In der Grube *Ehre Gottes* verschiedene Mineralien.
Kleinkems und Istein
Ca. 15 Kilometer von Basel am Rhein. In Steinbrüchen Jaspisknollen.
Tittling
Ca. 20 Kilometer nordnordwestlich von Passau. In Granitsteinbrüchen kleine Beryll-Kristalle und andere.
Wölsendorf
In der Oberpfalz bei Nabburg. In der Umgebung mehrere Fluoritgruben mit einer Reihe verschiedener Kristalle.
Epprechtstein
Bei Kirchenlamitz. In Granitsteinbrüchen vor allem Quarz und Orthoklas.

Frankreich
Vulkane

Mont Dômes
Im Zentralmassiv bei Clermont-Ferrand. Großartige Kette erloschener Vulkane. Lohnender Überblick vom Tuffkegel des Puy de Dôme. Südwestlich davon die Basaltsäulenkuppe der Roche Tuilière (vgl. Abb. 16).

199 Die Cala Pi, ein Fjord im Süden der Ferieninsel Mallorca. Noch vor wenigen Jahren verlief sich kaum ein einziger Tourist an die tief eingeschnittene aber etwas abgelegene Bucht. Jetzt ist der herrliche Küstenstreifen urbanisiert.

200 Ein enger, 1,6 Kilometer langer Fjord zersägt auch den geschichteten Kalkfels im äußersten Süden Korsikas und bietet dem malerischen Städtchen Bonifacio einen natürlichen Hafen. Wo er ins offene Meer mündet, hat das Wasser eine Grotte in die Steilküste genagt.
201 In diesem Sund zwischen Hakefjord und Stigfjord nördlich von Göteborg in Südschweden vergoldet die Nachmittagssonne den Fels.

Frankreich
Vulkane

Monts du Cantal
Im Zentralmassiv, südlich der Mont Dômes. Rauhe, wilde und alte Vulkanlandschaft mit vielen freigelegten Gängen. Lohnender Überblick vom Puy Mary.

Gebirge und Gletscher

Savoyer Alpen
Südlich des Genfer Sees. Eines der schönsten und bekanntesten Gebiete der Alpen, beherrscht vom 4807 Meter hohen Mont Blanc, dem höchsten Gipfel Europas, mit rund zwei Dutzend Gletschern, darunter der berühmten Gletscherzunge Mer de Glace und dem riesigen hochalpinen Glace du Géant.
Dauphiné
Faszinierende Hochgebirgswelt für Naturfreunde, die stillere Gegenden lieben. Berühmte Gipfel dieses Gebiets sind: Meije, les Ecrins, Pelvoux, alle drei rund 4000 Meter hoch. 100 Quadratkilometer Gletscher!
Seealpen
Kalkgebirge im Hinterland der Côte d'Azur. Wundervolle, stille Bergwelt, mit aussichtsreichen Gipfeln und vielen malerischen Schluchten.
Cevennen
Mittelgebirge westlich des südlichen Rhônetals. Kalkbergland mit weiten Kastanienwäldern und schönen Schluchten im Osten und weiten öden Karsthochflächen der Causses im Westen.
Zentralmassiv
In der Auvergne. Siehe unter Vulkane.
Pyrenäen
Gebirgszug mit alpinem, teilweise ausgesprochen hochalpinem Charakter an der französisch-spanischen Grenze. Die landschaftlich schönsten Teile sind die Bigorre in den zentralen Pyrenäen mit dem Cirque de Gavarnie und das schon mediterran angehauchte Hochtal von Maude mit seinen Schluchten.
Jura
Der Französische Jura, nördlich und westlich des Genfer Sees, gehört zu den schönsten und vielseitigsten Karstgebirgen Europas und ist mit all seinen Natursehenswürdigkeiten einen langen Urlaub wert!

Frankreich

Gebirge und Gletscher

Vogesen
Dem Schwarzwald verwandtes Mittelgebirge mit ausgedehnten Wanderwegen westlich des Oberrheins.

Erosion

Montpellier-le-Vieux
In den Causses, nordöstlich von Millau (vgl. Abb. 91). Bizarres Felschaos.
Trégastel-Plage
In der nordöstlichen Bretagne. Winderosionen im Granit.

Klammen und Schluchten

Da Frankreich überreich an imposanten Klammen und Schluchten (Gorges) ist, sollen hier nur die wichtigsten genannt werden:
Gorges du Pont du Diable
Südöstlich von Thonon am Genfer See.
Gorges de la Bourne.
Südwestlich von Grenoble.
Grands Goulets
Südwestlich von Grenoble.
Gorges du Cians
In den Seealpen, ca. 50 Kilometer nordwestlich von Nizza.
Gorges du Daluis
In den Seealpen, ca. 60 Kilometer nordwestlich von Nizza.
Gorges du Loup
In den Seealpen, ca. 25 Kilometer nordwestlich von Nizza.
Grand Cañon du Verdun
In den Seealpen, ca. 80 Kilometer westlich von Nizza (vgl. Abb. 88 bis 90).
Gorges de l'Ardèche
In den östlichen Cevennen (vgl. Abb. 87).
Vallé du Doubs
Im Französischen Jura, nordöstlich von Pontarlier.
Gorges de l'Ain
Im Französischen Jura, nordöstlich von Brou.
Gorges du Tarn
Im zentralen Südfrankreich.
Gorges de Kakouetta
In den westlichen Pyrenäen bei Sainte-Engrâce.

202 Die Lofoten, rauhe Inselwelt Nordnorwegens, sind die unwirtlichen Gipfel eines alten Hochgebirges, das im Meer versunken ist. Das Bild entstand zwischen der Lofoteninsel Vågan und Hamaroröy an der norwegischen Westküste.
203 Im Raft-Sund zwischen dem Inselchen Store Molla und Ausvågöy sind die Lofoten besonders düster und rauh.

204 Kearvaig beim Cape Wrath im äußersten Nordwesten des schottischen Festlands ist ein Vogelparadies. Wer es besuchen will, muß mit einem Fährboot den einsamen Kyle of Durness überqueren, eine der stimmungsvollsten Buchten der Britischen Inseln.
205 Blauer Himmel, Felswände, vulkanisches Gestein, vom Meer herangetragener Sand, die langen Wellen des Atlantiks und salziger Dunst in der Luft – das ist die Playa Famara im Norden von Lanzarote.

Frankreich

Klammen und Schluchten

Gorges du Sègre
In den östlichen Pyrenäen, östlich von Bourg-Madame.
Gorges de Galamus
In den östlichen Pyrenäen an der Straße D 14.

Höhlen

Frankreich ist mit Abstand das höhlenreichste Land Europas (fast 15000, davon mehrere Hundert erschlossene Höhlen). Hier können nur sehr wenige, eindrucksvolle und berühmte Höhlen aufgeführt werden:
Source de la Loue
Beachtliche Höhlenquelle im Jura, südöstlich von Besançon (vgl. Abb. 114).
Source du Lison
Beachtliche Höhlenquelle im Jura, südlich von Besançon (vgl. Abb. 113). In der Nähe die Grotte Sarrazine (vgl. Abb. 112).
Grotte d'Osselle
Im Jura, 18 Kilometer westlich von Besançon. Bett eines unterirdischen Flusses. Zahlreiche bunte Tropfsteine.
Grotte des Planches-sur-Arbois
Im Jura, vier Kilometer südöstlich von Arbois. Die Höhle zeichnet sich durch ausgeprägte Erosionserscheinungen aus.
Grotte de Baume
Im Jura, im landschaftlich sehr schönen Cirque de Baume, etwa 65 Kilometer südwestlich von Besançon, gelegen. Unterirdischer Flußlauf und unterirdischer Wasserfall.
Grotte de la Balme
Etwa 40 Kilometer nordöstlich von Lyon. Unterirdischer Fluß und zahlreiche Sinterbildungen.
Grottes des Echelles
Etwa 15 Kilometer südwestlich von Chambery. Imponierende Schluchthöhle.
Grotte de Coufin (Grotte de Choranche)
Etwa 25 Kilometer südwestlich von Grenoble. Bedeutende Höhle durch außergewöhnlich zahlreiche »Makkaroni« (vgl. Abb. 132).
Grotte de la Luire
Bei Chaberts, etwa 40 Kilometer südwestlich von Grenoble. Sehr wilde Höhle mit großem unterirdischem Dom.

Frankreich
Höhlen

Aven d'Orgnac
Zehn Kilometer südöstlich von Vallon-Pond-d'Arc an der Ardèche. Höhle mit sehr großen Sinterbildungen und riesigen Hallen. Eine der berühmtesten Höhlen Frankreichs.
Aven de Marzal
Etwa zehn Kilometer westlich von Bourg-St.-Andéol. Riesige Schachthöhle, bis 165 Meter tief. Sehr schöne vielfältige Sinterbildungen.
Grotte de Bramabiau
Bei Camprieu, sieben Kilometer südöstlich von Meyrueis. Imponierender unterirdischer Flußlauf in eindrucksvollen Gängen bis zu 40 Meter Höhe.
Grotte de la Cocalière
Ca. 20 Kilometer nordöstlich von Alès. Eine der größten Höhlen Frankreichs mit zahlreichen Sinterbildungen, unterirdischem Fluß, unterirdischen Wasserfällen.
Grotte de Dargilan
25 Kilometer nordöstlich von Millau. Höhle mit gewaltigen Hallen, die größte 35 mal 152 mal 44 Meter groß. Zahlreiche Sinterbildungen.
Aven Armand
Sieben Kilometer nordwestlich von Meyrueis. Palmstamm-Stalagmiten, die bis zu 30 Meter hoch sind (vgl. Abb. 138).
Grotte des Demoiselles
Bei Ganges, 35 Kilometer nordwestlich von Montpellier. Schachtartige große Halle von 50 Metern Höhe mit reichen Versinterungen (vgl. Abb. 137).
Grotte de Clamouse
Ca. 30 Kilometer nordwestlich von Montpellier. Sehr schöne Sinterbildungen. Versteinerte Wasserfälle, Sinterfahnen, Kristallbeete und Sinterbecken. Exzentriker.
Gouffre de Padirac
Bei Padirac, 12 Kilometer nordöstlich von Rocamadour. Imposante Schachthöhle von über 30 Metern Durchmesser und 75 Metern Tiefe. Enthält einige große Dome und eine Vielzahl großer Stalaktiten.

206 Das Meer hat seine Arbeit erledigt. Aus Felsen hat es Sand gemacht – das letzte Glied in der Kette der Erosion. Jetzt spielt der Wind mit den feinen Körnchen und häuft Dünen auf (Ostseeküste bei Sandhammaren in Südschweden)...
207 ...Die höchste in Europa, die große Düne von Pyla bei Arcachon an der südlichen französischen Atlantikküste, überragt mit nicht weniger als 114 Metern um ein Vielfaches den Kiefernhochwald der Landes.

208 Die einsame Playa de Font Salada zwischen Cabo Farruch und Cala Mezquida im Osten Mallorcas. – Wo das Meer nichts mehr zerstören kann, wird die Landschaft zeitlos. Ruhelos schaffen Wind und Wellen immer neue Formen im Sand, immer andere, immer die gleichen.

Frankreich
Höhlen

Grotte de Cougnac
Bei Payrignac im Département Lot. Schöne Tropfsteinhöhle und prähistorische Malereien.
Grotte de Pech Merle
Bei Cabrerets, knapp 20 Kilometer nordöstlich von Cahors. Viele schöne Sinterbildungen, darunter Exzentriker. Bedeutende prähistorische Malereien.
Grotte de Rouffignac
Knapp 30 Kilometer südöstlich von Périgueux. Höhlensystem mit großen Räumen und bedeutenden prähistorischen Höhlenbildern.
Grotte de Font-de-Gaume
Bei Les Eyzies, knapp 40 Kilometer südöstlich von Périgueux. Wenige Tropfsteinbildungen, aber sehr bedeutende prähistorische Malereien.
Gouffre de Proumeyssac
Acht Kilometer südwestlich von Les Eyzies. 40 Meter tiefer Schacht, großer Dom, interessante Sinter- und Kristallbildungen, Exzentriker.
Grotte de Niaux
Drei Kilometer südlich von Tarascon-sur-Ariège. Sehr ausgedehntes Höhlensystem mit prähistorischen Malereien.
Rivière souterraine de Labouiche
Vier Kilometer nordwestlich von Foix in den Pyrenäen. Sehr eindrucksvoller unterirdischer Fluß, der auf 4,5 Kilometer mit Booten befahren werden kann.
Grotte de Médous
50 Kilometer südöstlich von Pau in den Pyrenäen. Eine der schönsten Tropfsteinhöhlen Frankreichs mit phantastischen Sinter- und Kristallgebilden (vgl. Abb. 112, 129).
Grotte de Bétharram
2,5 Kilometer westlich von St.-Pè-de-Bigorre in den Pyrenäen. Sehr formenreicher Sinter. Interessante Erosionserscheinungen. Langer unterirdischer Fluß. 80 Meter tiefer Schacht.

Wasserfälle

Saut de Doubs
Im Jura, bei Chaillexon, unmittelbar an der Grenze zur Schweiz gelegen.

Frankreich

Wasserfälle

Cascades de Hérisson
Im Jura, ca. 55 Kilometer nordwestlich von Genf. Eine Reihe eindrucksvoller Wasserfälle.
Cascade du Rouget
Südlich des Örtchens Sixt in Savoien.
Pont-d'Espagne
Bei Cauterets in den zentralen Pyrenäen, südlich von Lourdes.
Cascade du Gros-Hêtre
In den westlichen Pyrenäen, südlich von Laruns.
Grande Cascade
Im Cirque de Gavarnie, zentrale Pyrenäen. Mit 422 Metern höchster Wasserfall Europas.

Sümpfe

Camargue
Berühmtes ausgedehntes Sumpfgebiet im Rhône-Delta. Naturreservat.
La Dombes
Interessante Sumpflandschaft (Vogelschutzgebiet) nordöstlich von Lyon.

Meeresküsten

Côte d'Azur
Zwischen der italienischen Grenze und Cannes. Typisches Beispiel für die Zerstörung einer wundervollen Landschaft durch touristische Zersiedelung.
Esterel
Herrlicher, wilder Küstenstreifen aus rotem Fels westlich von Cannes.
Les Calanques
Malerische Fjordküste im Kalkfels, südöstlich von Marseille.
Les Landes
Weitläufige Sand-, Dünen- und Lagunenlandschaft am Atlantik zwischen Biarritz und Arcachon.
Bretagne
Die Gestade der Bretagne sind fast durchweg wilde, zerklüftete Granitküsten. Besonders eindrucksvoll sind sie auf der Halbinsel von Quiberon, auf der Belle-Ile, an der Pointe du Raz, auf der Halbinsel von Crozon und bei Ploumanach im Norden.

209 Madeiras einsame Hochebene (1430 Meter), der Paul da Serra im zentralen Westen der Insel, ist eine Basaltwüste.
210 Im äußersten Südwesten der Kanareninsel Fuerteventura dehnt sich die öde Wildnis des Jandia-Gebirges. Nur »Fettpflanzen« und der dürre Kameldorn halten es in diesen heißen Wüstentälern aus. Die seltene kaktusähnliche Euphorbia handiensis wächst sonst nirgends auf der Welt.

211 Wüsten sind Extremlandschaften, in denen Leben mit dem Existenzminimum kämpft. Kein Wunder, daß die rauhe Insel Island über weite Wüstengebiete verfügt. Dieses öde Steinfeld erstreckt sich südlich des Dettifoss.
212 Eine kleine aber veritable Wüste liegt in Südfrankreich zwischen der Camargue und Marseille: die Crau. Auf dem europäischen Festland ist sie ebenso einmalig,...

Frankreich
Meeresküsten

Der Mont-St.-Michel
Sehenswertes Gezeitengebiet an der Grenze von Bretagne und Normandie mit weitem Wattenmeer.
Falaise d'Aval
Imposante Kreide-Feuerstein-Steilküste mit bizarren Türmen und Bögen im Norden der Normandie bei Etretat (vgl. Abb. 193).

Wüsten

Die Crau
Topfebenes Kiesfeld südlich von Arles, einst Schwemmland der Durance.
Mont-Ventoux
Nordöstlich von Avignon. Erosionswüste aus Kalksteinbrocken. Typische Spätfolge großräumiger Abholzungen.
Casse Déserte
Fels- und Schuttchaos am Izoard-Paß südöstlich von Briançon.

Wälder

Massif des Cèdres
Auf dem Petit Lubéron bei Lourmarin nördlich von Aix-en-Provence.
Forêts des Landes
Ausgedehnte, künstlich angelegte Kiefernwälder an der Atlantikküste Südwestfrankreichs.

Mineralien

Boisséjour
Südlich von Clermont-Ferrand im Zentralmassiv. Große Ettringit- und Afwilit-Kristalle in Lavahöhlen.
Pessens
Bei Rodez. Baryt.
Bourg-d'Oisans
In der Dauphiné. Auf den Halden in der Umgebung des Ortes Epidot-, Quarz-, Feldspat-Kristalle und andere.
Peyrebrune
Östlich von Realmont. Grube mit schönen Zinkblende- und Fluorit-Kristallen.

Monaco
Höhlen

Grotte de l'Observatoire
Botanischer Garten. Schachthöhle mit schönen Versinterungen.

Korsika

Gebirge

Monte Cinto
Im Nordwesten. Höchster Berg Korsikas (2707 Meter), mit alpinem Charakter.
Col de Bavella-Gebiet
Im Südosten. Wildes Bergland mit Dolomiten-Charakter.

Erosion

Les Calanche
Im Golfe de Porto. Bizarre Granitfelsen hoch über dem Meer. Winderosion (vgl. Abb. 72).

Schluchten

Scala di Sta. Regina
Nordwestlich von Corte.
Gorges de la Restonica
Südwestlich von Corte. Zugleich herrliches Bergwandergebiet.
Gorges du Prunelli
Ostnordöstlich von Ajaccio.
Défilé de Lancone
Südwestlich von Bastia.
Défilé de l'Inzecca
Östlich von Ghisoni.

Höhlen

Grotte du Sdragonato
Knapp zwei Kilometer westlich von Bonifacio. Karsthöhle auf Meereshöhe, mit vielen kleinen Stalaktiten. Bei ruhiger See mit dem Boot zu befahren.

Wasserfälle

Cascade de Pisciaallonde
Nordöstlich von Vico, nordwestlich von Soccia. Nur zu Fuß zu erreichen.
Cascade de St. Alberto
Ca. 18 Kilometer östlich von Ajaccio.

Meeresküsten

Cap Corse
Im Norden Korsikas. Schöne Steilküsten.
Golfe de Porto
Äußerst malerischer Felsengolf im zentralen Westen der Insel.

213 ...wie der kahle Kalkschottergipfel des nur 75 Kilometer weiter nördlich 1912 Meter hoch aufragenden Mont Ventoux.

214 Häufig finden sich Wüsten in vulkanischen Gebieten, denn bis die sterilen Aschen und Laven zu fruchtbarem Boden verwittert sind, vergehen keine geringen Zeiträume. – Hier: die Lavawüste von Asbyrgi in Nordostisland.

215 ...oder die immensen Verwitterungsschutthalden um den Gemmipaß nördlich von Leukerbad in der Schweiz.

216 Casse Déserte, etwa soviel wie »Scherbenwüste«, nennen die Franzosen dieses alpine Schuttfeld am Izoard-Paß südlich von Briançon.

Korsika
Meeres-
küsten

Falaises bei Bonifacio
Beeindruckende Felsküste im äußersten Süden Korsikas. Hoch auf den Klippen die alten Stadtteile Bonifacios (vgl. Abb. 200).

Wälder

Korsika verfügt über eine Reihe herrlicher und sehr reizvoller Kiefern-Bergwälder.
Forêt de Tartagine
Östlich von Calenzana im Nordwesten der Insel.
Forêt de Valdo-Nillo
Östlich von Evisa.
Forêt de Vizzavona
Nordöstlich von Bocognano.
Bosco del Coscione
Südöstlich von Zivaco.
Forêt de l'Ospedale
Nordwestlich von Porto-Vecchio. In tieferen Lagen hier auch viele ältere Korkeichen.

Spanien
Gebirge

Pyrenäen
Im Nordosten an der französischen Grenze. Im Ordesa-Nationalpark beeindruckende Felsmassive.
Sierra Nevada
Im Süden Spaniens. Vom höchsten Berg (Mulhacén bei Granada, 3481 Meter), zu dem die höchste Bergstraße Europas hinaufführt, herrliche Fernsicht.
Sierra Morena
Einsame Mittelgebirgslandschaft halbwegs zwischen Madrid und Málaga.
Cordillera Central
Rauhe Mittelgebirgskette nordwestlich von Madrid.
Cordillera Cantábrica
Längs der ganzen nordspanischen Küste verlaufender rauher Bergzug.

Erosion

Ciudad Encantada
Nordöstlich von Cuenca. Wohl das beeindruckendste Werk der Erosion in Europa überhaupt (vgl. Abb. 99 bis 102).

Spanien

Erosion

El Torcal, Los Bollos
Bei Antequera (Málaga). Bizarre, sehr sehenswerte Erosionsformen in geschichtetem Gestein. Manche Gebilde sehen wie Türme aufeinandergestapelter Diskusse aus.
Montserrat
Bei Barcelona. Felstürme und Bastionen aus verwittertem Konglomeratgestein.

Höhlen

Cueva de Santimamiñe
26 Kilometer nordöstlich von Bilbao im Mont Ereñusarre. Beeindruckende farbige Tropfsteingebilde. Prähistorische Wandmalereien und Gravuren.
Torca del Carlista
Bei Ramales, etwa 42 Kilometer südöstlich von Santander. Zweitgrößte unterirdische Halle der Welt (400 bis 500 Meter) lang, 230 bis 250 Meter breit und 90 bis 125 Meter hoch).
Cueva del Castillo
Bei Puente Viesgo, rund 20 Kilometer südwestlich von Santander. Interessante Sinterbildungen. Bedeutende prähistorische Malereien und Gravuren.
Cueva de Altamira
Bei Santillana del Mar, gut 25 Kilometer südwestlich von Santander. Höhle nur von prähistorischer Bedeutung.
Gruta de San José
Zwei Kilometer westsüdwestlich von Val de Uxo, rund 25 Kilometer südwestlich von Castellón de la Plana. Unterirdischer Fluß, zahlreiche interessante Sintergebilde.
Cueva de Nerja
Bei Nerja, ca. 50 Kilometer östlich von Málaga. Vielfältige schöne, teilweise sehr große Tropfsteingebilde; Wandmalereien aus der frühen Steinzeit.
Cueva de la Pileta
Ca. zehn Kilometer westsüdwestlich von Ronda. Schöne, glänzendweiße Sintergebilde. Wandmalereien aus der Altsteinzeit.
Gruta de Las Maravillas
In Aracena. Sehr schöne Tropfsteingebilde, Exzentriker, Kristallbildungen; unterirdische Seen.

217 Auch Mitteleuropa hat seine große Wüste: die hochalpinen Gebiete oberhalb der Vegetationsgrenze, wie die weiten Karrenfelder in der Sella in Südtirol...

218 Bei weitem nicht jede Wüste ist eine Sandwüste. Diese hier ist es; und sie ist zugleich die einzige im europäischen Land, wenngleich auch nicht auf dem Kontinent selbst...

219 ...Sie bildet das Hinterland der Playa del Inglés im Süden Gran Canarias.

Spanien

Meeresküsten

Costa Brava

Nordöstlich von Barcelona. Bekannte und entsprechend verbaute Ferienregion. Fels mit Sandbuchten.

Costa del Sol

Sandstrände südwestlich von Málaga. Domizil internationaler großer Reisegesellschaften.

Atlantikküste südöstlich von Huelva

Bis zur Coto Doñana herrliche, noch weitgehend ruhige Sandstrände.

Nordspanische Atlantikküste

Meist Steilküste. Stellenweise sehr malerisch und wild.

Sumpfgebiete

Coto Doñana

Sehr wichtiges Naturschutzgebiet von internationaler Bedeutung an der Guadalquivir-Mündung.

Wälder

Palmenwald von Elche

Südwestlich von Alicante. Rund 500000 Dattelpalmen (vgl. Abb. 237).

Eukalyptuswälder im Südwesten

In der weiteren Umgebung von Huelva befinden sich ausgedehnte Eukalyptusanpflanzungen (vgl. Abb. 232, 233).

Mineralien

Bilbao und Altube

Zinkblende-Kristalle.

Picos de Europa

Bergmassiv ca. 80 Kilometer westsüdwestlich von Santander. Zinkblende-Kristalle.

Piedro Alvaro

In der Nähe von Vitigudino, ca. 70 Kilometer westlich von Salamanca. In einer Uranmine verschiedene seltene Mineralien.

Almadén

Zinnobervorkommen. Schöne HgS-Kristalle.

Rio Tinto-Gebiet

Bei Huelva. Pyrit und andere.

Balearen

Gebirge und Erosion

Sierra de Alfabia

Im Norden Mallorcas. Schönes mediterranes Kalkmassiv. Bei La

Balearen
Gebirge und Erosion

Calobra und beim Kloster Lluch interessante Spitzkarrenfelder. Bei La Calobra mündet auch die bedeutende Schlucht des Torrente de Pareis ins Meer (vgl. Abb. 86 und 105, 106).

Höhlen

Cueva de Génova
Mallorca, in Génova, ca. fünf Kilometer westlich von Palma. Sehr vielfältige zerbrechliche, buntgefärbte Sintergebilde.
Cueva de Campanet
Mallorca, 2,5 Kilometer nördlich vom Campanet, ca. 37 Kilometer nordöstlich von Palma. Große Höhle mit verschiedenartigem Sinter.
Cueva de Artá
Mallorca, 10 Kilometer südöstlich von Artá. Große unterirdische Räume. Sehr große Sintergebilde.
Cueva del Drach
Bei Porto Cristo. Einer der größten unterirdischen Seen der Welt, 177 Meter lang. Zahlreiche bunte Versinterungen.
Cueva del Hams
Bei Porto Cristo. Sehr formenreicher Sinter, feine Stalaktiten und Exzentriker (vgl. Abb. 133).

Meeresküsten

Cabo Formentor
Im Nordosten von Mallorca. Mächtige, steil ins Meer abfallende Felswände.
Cabo Freu
Im äußersten Osten von Mallorca. Herrliche Felsküste mit vereinzelten Sandbuchten.
Cala Pi
Malerischer Fjord im Süden von Mallorca (vgl. Abb. 199).
Cala En Porter
Reizvolle Steilküste in der Nähe von San Lorenzo auf Menorca.

Kanarische Inseln
Vulkane und vulkanische Erscheinungen

Cañadas und Teide
Im Zentrum von Teneriffa. Die Cañadas sind eine gewaltige Caldera (Einsturzkrater), aus denen der 3718 Meter hohe Teide-Gipfel aufragt. An seinem kleinen Gipfelkrater noch geringe fumarolische Tätigkeit. Eine großartige, unirdisch wirkende Vulkanlandschaft.

220 Im sandig-steinigen Hügelland des schwedischen Südwestens (hier bei Tanum in Bohuslän) gedeiht prachtvoller Heidewald mit Föhren, Birken, Wacholder und Erika.

221 Der Charakterwald Mittelfinnlands (hier in der Gegend von Kärsämäki) ist die typische nordeuropäische und sibirische Taiga mit schlanken Föhren, Fichten und Birken. Auf den baumlosen Flächen blühen während des kurzen Sommers große Weideröschen-Bestände.

Kanarische Inseln

Vulkane und vulkanische Erscheinungen

Caldera de Bandama
Alter Vulkankrater im Nordosten von Gran Canaria. Schöner Aussichtspunkt.

Lanzarote
Die gesamte Insel besitzt ausgeprägt vulkanischen Charakter. Die beeindruckendste Krater- und Lavafeldgegend liegt im Westen in den Montañas de Fuego am Islote de Hilario (vgl. Abb. 3 und 4). Aber auch im Zentrum und im Nordosten der Insel liegen sehenswerte Vulkankegel und Lavaströme. Dort finden sich auch die beiden Lavahöhlen Cueva de los Verdes und Jameos de Agua.

La Palma
Auch La Palma besitzt ausgeprägten Vulkancharakter, obwohl die Insel im Gegensatz zum wüstenhaft kahlen Lanzarote dicht bewaldet ist. Im Zentrum liegt die gewaltige Caldera de Taburiente. Der von dort nach Süden ziehende Grat trägt einige schöne sehenswerte Krater, unter anderen den Cráter de la Manchas, den Cráter de Hoyo Negro und den Cráter del Duraznero. Im äußersten Süden der Insel der schöne regelmäßige alte Vulkankrater San Antonio und der junge Doppelvulkan Teneguia (vgl. Abb. 1).

Gebirge

siehe auch Vulkane!

Gran Canaria
Im Zentrum der Insel ein beeindruckendes wildes Bergland mit gigantischen Basaltnadeln, den Roques; unter anderen: Roque Bentaiga und Roque Nublo.

Schluchten

Teneriffa
Barranco del Infierno bei Adeje im Südwesten der Insel.

La Palma
Barranco de las Angustias bei Los Llanos.

Höhlen

Lavahöhlen auf Lanzarote: siehe Vulkane.

Wasserfälle

La Palma
Drei schöne Kaskaden im Nordosten der Insel, eine bei Galga, eine zwischen Galga und Galguitos, eine bei Los Tilos. Ein weiterer schöner Wasserfall befindet sich im Inneren des Taburiente-Kraters.

Kanarische Inseln

Meeresküsten

Teneriffa
Schöne Felsenküste westlich und östlich von Puerto de la Cruz im Norden der Insel.
Gran Canaria
Herrlicher Dünenstrand Playa del Inglés im äußersten Süden. An der Südwestküste zum Teil eindrucksvolle Steilküsten.
Lanzarote
Die Playa Famara im Norden der Insel ist einer der schönsten und großzügigsten Sandstrände des gesamten Archipels. Die Meerenge von El Rio zwischen Lanzarote und Graciosa ist landschaftlich überaus faszinierend (vgl. Abb. 205).
Fuerteventua
Die Strände der Jandia-Halbinsel (Playa de Sotavento im Süden, Playa de Barlovento im Norden) und die Strände im äußersten Nordosten (Playas de Corralejo) sind nahezu paradiesisch.

Wüsten

Lanzarote
Im Zentrum und ganz besonders der Südwesten Lanzarotes sind an Mondlandschaften erinnernde Vulkanwüsten.
Fuerteventura
Die Windschattenseite der Insel, also die Ostseite, ist fast durchweg reine Bergwüste mit typischen sukkulenten Pflanzen (vgl. Abb. 210).
Gran Canaria
Im Süden der Insel bei der Playa del Inglés liegt eine kleine aber sehr typische und sehr schöne Sandwüste (vgl. Abb. 218, 219).

Wälder

Teneriffa
Die Insel besitzt im Bosque de la Esperanza südwestlich von La Laguna einen einmalig schönen Kiefernwald (Kanarische Kiefer) und im äußersten Nordosten im Anaga-Gebirge bezaubernde immergrüne Hartlaubwälder.
Gran Canaria
Im Nordwesten, südlich von Los Berrazales, liegt der schöne Kiefernwald von Tamadaba. Besonders hervorzuheben sind die Pinos de Galdar, sechs Kilometer östlich von Artenara.
La Palma
Weite Kiefernwälder im Nordwesten, darunter bei El Calvario mu-

222 Im nördlichen Lappland vegetieren die Bäume an ihrer Existenzgrenze. Kälte, Wind und die extrem kurzen jährlichen Wachstumsperioden lassen die Zwergbirken und Polarweiden, die hier noch gedeihen, nicht groß werden. In manchen Gebieten erreichen die verkrüppelten Bäumchen nicht einmal Hüfthöhe. – Paittasjärvi westlich von Kiruna; im Hintergrund das Kebnekaise-Gebiet mit den höchsten Bergen Schwedens.

223 In der feuchten Taiga zwischen Malmberget und Kiruna drängt sich dichter nordischer Mischwald mit Föhren, Fichten und Birken.

224 Die ursprüngliche Waldgemeinschaft deutscher Mittelgebirge, Buchen, Fichten und Tannen, hat sich vor allem in den Urwaldreservaten des Bayrisch-Böhmischen Waldes und der Alpen erhalten. Aber auch sonst findet sie sich noch hin und wieder, wie hier Altmühltal westlich von Regensburg.

Kanarische Inseln
Wälder

tierte Kanarische Kiefern, die keine oder nur spärliche Äste ausbilden. Im Zentrum der Insel liegt der Taburiente-Nationalpark mit herrlichen Wäldern, durch den man tagelang wandern kann.

Portugal
Gebirge

Serra da Estrela
Kernstück des portugiesischen Hauptscheidegebirges. Landschaftlich sehr reizvolles Gebirge nordöstlich von Coimbra.
Bergland in Norden
Mittelgebirgslandschaft zwischen Douro und Landesgrenze. Schöne Wandergegend.

Erosion

Gouveia
Im kahlen wilden Bergland oberhalb der Stadt gibt es durch Winderosion entstandene skurille Felsgebilde wie die *Cabeça do Velho* (Kopf des Alten) und die Cabeça de Careca (Glatzkopf).
Penhas Douradas
In der Serra da Estrela. Durch Winderosion entstandene skurille Felsgebilde wie der *Cabeça do Preto* (Mohrenkopf).

Höhlen

Gruta de Santo António
Bei Serra de Santo António, 23 Kilometer südsüdwestlich von Leiria. Hübsche Tropfsteinhöhle.

Wasserfälle

Poço do Inferno
Wilde Schlucht mit Kaskaden des Rio Liandros, bei Manteigas.

Meeres-küsten

Algarve
Die Algarve im Südwesten des Landes verfügt über malerische Steilküsten, besonders bei Lagos (vgl. Abb. 190 bis 192).

Mineralien

Panasqueira
Bei Lissabon. Kristalle von Apatit, Wolframit und Arsenkies.
Mesquitela Mine
In Mangualde, östlich Viseu. Feldspalt-Pegamtit und Phosphat.

Madeira
Vulkane

Curral das Freiras
Im Zentrum der Insel gelegene gewaltige Caldera.

Madeira
Gebirge

Ganz Madeira ist ein einziges wildes, zum Teil stark zerklüftetes Bergland. Höchster Gipfel ist der Pico Ruivo mit 1861 Metern. Im Westen herrschen Hochflächen vor.

Wasserfälle

Vinte e cinco Fontes
In der Nähe der Schutzhütte Rabaçal nördlich von Calheta. Beeindruckende Szenerie mit 25 Wasserfällen, deren höchster aus fast 100 Metern herabstürzt.

Meeresküsten

Cabo Girão
Westlich von Câmara de Lobos. Mit 580 Metern zweithöchstes Kap der Welt. Faszinierender Ausblick.
Küste zwischen São Vicente und Porto Moniz
Sehr wilde Steilküste, besonders im Abschnitt São Vicente-Seixal. Bei Porto Moniz raffiniert angelegte Schwimmbecken im natürlichen Küstenfels.

Wälder

Eukalyptuswälder
Besonders nordöstlich von Funchal.
Zypressenwälder
Großartige uralte Zypressenbestände finden sich besonders an den Levadas östlich von Portela, nordwestlich von Machico.
Immergrüne Passatwälder
Besonders schön im Westen der Insel, etwa bei Ponta do Pargo.

Schweiz
Gebirge

Wer könnte all die großen und berühmten Gipfel der Schweiz nennen? 34 Bergriesen ragen höher als 4000 Meter auf, vier davon übersteigen die 4500-Meter-Marke: der Monte Rosa (4634 m), der Dom (Mischabelgruppe) (4545 m), der Lyskamm (4527 m) und das Weißhorn (4505 m). Folgende große Bergregionen heben sich ab:
Walliser Alpen
Im Süden der Schweiz, mit den höchsten Gipfeln des Landes (unter ihnen das berühmte Matterhorn) und starker Vergletscherung (vgl. Abb. 48, 49 und 57).
Berner Oberland
Südlich von Bern, mit dem berühmten Eiger-Mönch-Jungfrau-Massiv und dem größten Schweizer Gletscher (vgl. Abb. 33).

225 Besonders im Herbst imponieren in den Alpen die Lärchen durch ihre leuchtenden Farben. Einer der schönsten Lärchenbestände bedeckt die Hänge und Hochtäler um den Mont Bégo in den Südalpen, etwa 80 Kilometer nordöstlich von Nizza.

226 Die kräftige Bergkiefer, die Arve, ist der Charakterbaum der europäischen Hochgebirge. Dieser Bestand wächst oberhalb des bezaubernden Lac de Gaube in den zentralen Pyrenäen.
227 Heidelandschaft mit Birken und Wacholderbäumen ist auf den trockenen Böden Norddeutschlands zu Hause. Leider wurde sie weitgehend verdrängt und findet sich heute hauptsächlich in einigen wenigen Naturparks, zum Beispiel im Totengrund bei Wilsede, südlich von Hamburg.

Schweiz

Gebirge

Gotthard-Massiv
In der zentralen Südschweiz. Uralter Gebirgsstock, der noch auf die Zeit vor der Alpenbildung zurückgeht.
Engadin
Gebirgsgruppe im Südosten der Schweiz, zu deren Glanzpunkten die berühmten Gipfel um den Piz Bernina gehören (vgl. Abb. 50).
Schweizer Jura
Im Nordosten des Landes, mit interessanten Karsterscheinungen und hohen Gipfeln mit grandiosen Fernsichten (La Dôle, Dent de Vaulion, Chasseron, le Chasseral, Weissenstein).

Gletscher

Großer Aletschgletscher
Mit Ober- und Mittelaletschgletscher (vgl. Abb. 55ff.). Im zentralen Berner Oberland. 170 km², 38 km lang.
Gornergletscher
Mit Grenzgletscher (vgl Abb. 48, 49). In den Walliser Alpen, südlich von Zermatt. 70 km², 21 km lang.
Unteraargletscher
Im östlichen Berner Oberland. 39 km², 17 km lang (vgl Abb. 51).
Rhônegletscher
Zwischen Berner Oberland und Gotthard-Massiv. 22 km², 11 km lang (vgl. Abb. 60).
Fieschergletscher
Mit Firn. Im östlichen Berner Oberland. 35 km², 10 km lang.
Morteratschgletscher
Im Engadin. 25 km², 9 km lang.
Roseggletscher
Mit Tschiervagletscher. Auf der Nordseite des Bernina-Massivs. 24 km², 11 km lang.
Glacier de la Corbassière
Nördlich des Grand Combin, im äußersten Südwesten der Schweiz. 15 km², 10 km lang.
Unterer Grindelwaldgletscher
Bei Grindelwald im nördlichen Berner Oberland. 14 km², 10 km lang.

Schweiz

Schluchten und Klammen

Gorges de l'Areuse
Bei Boudry am Lac de Neuchâtel.
Twannschlucht
Bei Twann am Bieler See.
Taubenlochschlucht
Bei Biel.
Pichouxschlucht
Westlich von Moutier im Jura.
Taminaschlucht
Bei Bad Ragaz.
Gondoschlucht
Bei Gondo, südöstlich des Simplonpasses.
Aareschlucht
Bei Meiringen (vgl. Abb. 82).
Gletscherschlucht
Bei Grindelwald (vgl. Abb. 83).
Schöllenenschlucht
Bei Göschenen an der Gotthardstraße.
Biaschinaschlucht
Bei Giornico, ca. 30 km nordnordwestlich von Bellinzona.
Piottinoschlucht
Zwischen Rodi und Faido, südöstlich von Airolo.
Höllenschlucht
Bei Disentis.
Via Mala
Bei Thusis.
Schinschlucht
Bei Thusis.
Roflaschlucht
Östlich von Splügen.

Höhlen

Grotte de Vallorbe
Bei Vallorbe, 30 km nordöstlich von Lausanne. Imposanter unterirdischer Fluß, schöner Ginter, Kristalle.
Grotte de Réclère
Bei Réclère im Jura. Schöne Tropfsteinhöhlen (vgl. Abb. 139).

228 Die endlosen Strandkiefernwälder auf den sandigen Böden der Landes zwischen Biarritz und Bordeaux wachsen nicht schon immer hier. Früher waren die Landes eine einzige große Sandsteppe. Seit dem vergangenen Jahrhundert sind die Dünen durch die wohl bedeutendste Aufforstung Europas gebändigt. – Aus den Stämmen der kräftigen Kiefern zapft die einheimische Bevölkerung allenthalben Harz. Daraus läßt sich das wertvolle Kolophonium gewinnen.

229 Einer der prächtigsten Nadelbäume ist die auf den Kanarischen Inseln beheimatete Kanarische Kiefer, die mit ihren bis zu 30 Zentimeter langen weichen Nadeln von weitem wie in grünem Samt gehüllt wirkt. Im Nordosten von La Palma, in der Nähe des weltfernen Weilers El Calvario, wächst auf einem kleinen Gebiet eine merkwürdige, kümmerliche Mutation dieses herrlichen Baums: sie entwickelt keine oder nur winzige Äste.

Schweiz
Höhlen

Grotte aux Fées de St.-Maurice
Ca. 30 km westlich von Sion. Unterirdischer See und Wasserfall, Erosionserscheinungen.
Lac souterrain de St.-Léonard
Bei Sion. Einer der größten unterirdischen Seen·Europas. Höhle im Gips (vgl. Abb. 141).
Beatushöhle
Bei Interlaken. Unterirdischer Wasserlauf, schöner Sinterschmuck.
Höllgrotten
Bei Baar in der Nähe von Zug. Viele ungewöhnliche und interessante Sinterformen (vgl. Abb. 127, 128).
Hölloch
Bei Stalden Muotathal. Bisher 125 km (!) erforschte Gänge. Der für Touristen erschlossene Teil ist nicht sehr beeindruckend.
Kristallhöhle
Bei Kobelwald, südöstlich von St. Gallen. Viele Kristalle, meist Calcit.

Wasserfälle

Saint du Doubs
Bei La Chaux-de-Fonds im Jura.
Rheinfall
Bei Schaffhausen an der deutschen Grenze.
Stäubifall
Am Klausenpaß, östlich von Altdorf.
Fätschbachfälle
Bei Linthal, südlich von Glarus.
Pissevache-Fall
Nordwestlich von Martigny.
Iffigenfall
Bei Iffigenalp, südlich von Lenk im westlichen Berner Oberland.
Pochtenkesselfall
Bei Adelboden.
Gießbachfall
Südlich des Brienzer Sees.
Ober-Reichenbachfall
Zwischen Meiringen und Innertkirchen.

Schweiz
Wasserfälle

Tümmelbachfall
Südlich von Lauterbrunnen (vgl. Abb. 79).
Staubbachfall
Bei Lauterbrunnen (vgl. Abb. 151).

Wälder

Aletschwald
Westlich von Fiesch im Rhônetal, hoch über dem Großen Aletschgletscher gelegen. Tausendjähriger Bergwald, schönster Arvenbestand der Alpen in grandioser Landschaft.
Schweizerischer Nationalpark
Im äußersten Südosten der Schweiz, im Engadin. Ausgedehnte Fichtenwälder; ab ca. 2000 Metern Höhe Lärchen und Arven; am Ofenpaß Bergföhren.
Tannenwald von Derborence
Nordwestlich von Sion, bei Derborence. Uraltes Urwaldreservat aus Tannen und Fichten.

Mineralien

Die Schweiz ist *das* klassische Mineralienland Europas, wie sie ja auch *das* hervorragendste Alpenland ist. Einzelne Fundgebiete sind:
Maderanertal
Seitental, das bei Amsteg auf die Gotthardstraße trifft. Bergkristall, Rauchquarz, Chlorit, Rutil usw.
Fellital
Seitental, das bei Gurtnellen auf die Gotthardstraße trifft. Im *Schattig Wichel* Quarz, Adular und Zeolithe.
Rueras und Sedrun
Am Vorderrhein, unweit des Oberalppasses. Quarz, Adular, Chlorit, Calcit, Zeolithe usw.
Cavradi-Schlucht
Bei Selva. Hämatit, Rutil, Anatas usw.
Val Nalps
Bei Sedrun. Dort bei Motta naira schöne Prehnit-Kristalle.
Piz Scopi
Am Lukmanierpaß. Quarz, Adular, Monazit usw.
Campolungo und Pizzo Forno
Im Tessin. Dolomit-, Turmalin-, Cyonith-, Korundkristalle u.a.

230 Nebelfetzen ziehen durch den immer feuchten Passatwald im Westen Madeiras. Die Winde vom Atlantik bringen Wolken mit, die an den über tausend Meter aufragenden Bergflanken hängenbleiben. Hier gedeiht üppiger, dunkelgrüner Mischwald.

231 Den äußersten Nordosten Teneriffas bildet das Anagagebirge mit seinen undurchdringlich dichten Wäldern aus baumhohen Erika-, Myrthen- und Lorbeersträuchern, überragt von Kanarischen Kiefern und Eukalyptusbäumen.

Schweiz
Mineralien

Göschenen
In der Umgebung Bergkristall, Adular, Fluorit.
St.-Gotthard-Massiv
In der Umgebung des Paßhospizes mehrere Fundorte mit Quarz, Adular, Hämatit, Apatit, Sphen.
Furka
Am Galenstock Rauchquarz.
Grimselsee
Nördlich des Sees Quarz und Fluorit.
Gibelsbachtal
Bei Fiesch im Rhônetal. Fluorit und Zeolithe.
Binntal
Südöstliches Rhôneseitental. Am Lengenbach Quarz, Pyrit, Rutil, Realgar, Auripigment usw.
Zermatt
Am Gornergletscher Epidot.
Saas-Fee
Am Feegletscher Diopsid und Granat.

Österreich
Gebirge

Die Alpen in Österreich teilen sich in eine große Zahl einzelner Bergzüge. Die wichtigsten sind:
Allgäuer Alpen
Im Nordwesten, teilweise zu Deutschland gehörend.
Lechtaler Alpen
Südlich der Allgäuer Alpen.
Ferwall-Gruppe
Im Südwesten Österreichs.
Ötztaler Alpen
Stark vergletschertes Gebiet nordwestlich von Meran.
Stubaier Alpen
Südwestlich von Innsbruck.
Karwendel-Gebirge
Nördlich von Innsbruck.
Tuxer Gebirge
Südöstlich von Innsbruck.
Zillertaler Alpen
Vergletscherte Bergkette im zentralen Süden Österreichs.

Österreich

Gebirge

Kitzbühler Alpen
Südlich von Kitzbühel.
Hohe Tauern
Südlich der Kitzbühler Alpen, mit dem höchsten Gipfel des Landes, dem Großglockner (3797 m).
Defregger Alpen
Südlich der Hohen Tauern.
Karnische Alpen und Karawanken
Langer Bergzug an der italienischen und jugoslawischen Grenze.
Niedere Tauern
Mit einer Reihe verschiedener Untergruppen, etwa halbwegs zwischen Salzburg und Klagenfurt.
Gebirge im Dreieck Linz-Wien-Graz
Hier liegen viele verschiedene Mittelgebirgsgruppen, teilweise mit alpinem Charakter.

Gletscher

Pasterze
Am Großglockner. 30 km², 9,5 km lang. Größter Ostalpengletscher.
Gepatschferner
In den Ötztaler Alpen. 18,7 km², 9,5 km lang.
Neben dem Gepatschferner verfügt das Ötztal noch über rund ein Dutzend weiterer Gletscher. Insgesamt liegen hier mehr als 300 km² unter Eis. Damit sind die Ötztaler Alpen das gletscherreichste Gebiet der Ostalpen. Ihm folgen die Zillertaler Alpen, die Hohen Tauern und die Stubaier Alpen.

Schluchten und Klammen

Liechtensteinklamm
Bei Schwarzach, ca. 70 km südlich von Salzburg.
Gesäuse
Bei Hieflau in den Niederen Tauern.

Erosion

Blockheide
Bei Gmünd, unweit der tschechischen Grenze. Interessante bizarre Winderosionen im Granit.

232 Im Südwesten Spaniens, im Großraum von Huelva, dehnen sich weite Eukalyptuswälder. Der sehr schnellwüchsige Baum ist hier Nutzpflanze für die Papierindustrie...

233 ...Deutlich zeigt dieses Bild die Unterschiede zwischen jungen Eukalyptusbäumchen und den ausgewachsenen Pflanzen. Aus den breiten, silbergrauen Blättern der Jungpflanzen (vorne rechts) wird später das schmale sichelförmige Alterslaub.

234 Die Höhen des südfranzösischen Bergzugs Petit Luberon, südwestlich von Apt, bedeckt ausgedehnter dichter Zedernwald. Für Europa ist das einzigartig, denn die eigentliche Heimat des malerischen Baums ist das nordafrikanische Atlasgebirge…

Österreich

Höhlen

Eisriesenwelt
Bei Werfen im Salzburger Land (Tennengebirge). Eishöhle mit 30000 m² Eisfläche, interessanten Eisfiguren und Eiswänden. 42 km vermessene Gänge!

Dachstein-Mammuthöhle
Bei Obertraun (Dachsteingebirge). 25 km vermessene Gänge. Sehr große Hallen. Erosionserscheinungen.

Dachstein-Riesenhöhle
Bei Obertraun (Dachsteingebirge). Große Hallen. Herrliche Eisfiguren.

Hermannshöhle
In Kirchberg am Wechsel, ca. 30 km südwestlich von Wiener Neustadt. Schöne Tropfsteinhöhle.

Lurgrotte
In Peggau, 18 km nordnordwestlich von Graz. Unterirdischer Fluß, großer Dom, schöner Sinter.

Katerloch
Bei Weiz, 22 km nordnordöstlich von Graz. Sehr reichhaltige Tropfsteinhöhle.

Griffener Tropfsteinhöhle
In Griffen, 33 km ostnordöstlich von Klagenfurt. Besonders schöne bunte Sintergebilde.

Wasserfälle

Krimmler Wasserfälle
Bei Krimml, im Nordosten der Zillertaler Alpen (vgl. Abb. 147, 148).

Wasserfall zum toten Weib
Nördlich von Mürzsteg bei Mürzzuschlag.

Lassingfall
Bei Josefsberg, ca. 45 km nordwestlich von Mürzzuschlag.

Sumpfland

Neusiedlersee und Seewinkel
Östlich von Wien. 320 km² flaches, an den Ufern verlandendes Gewässer. Viele kleine Teiche in Pusztalandschaft (vgl. Abb. 175).

Mineralien

Obergurgel
Im Ötztal. Am Gaisberggletscher und am Granatenkogel schöne Granatkristalle.

Österreich
Mineralien

Bad Hall
Ca. 10 km östlich von Innsbruck. Gipskristalle.
Stillup-Tal
In den Zillertaler Alpen, Granat.
Berliner Hütte
Bei Ginzling in den Zillertaler Alpen. Granat, Aktinolith, Amethyst, Szepterquarz u. a.
Matrei
Nördlich der Iseltalstraße Magnetit, Epidot, Adular, Bergkristall usw.
Habachtal
In den Hohen Tauern. Beim zerstörten Gasthaus Alpenrose in den Bergwerkshalden Smaragde.
Riffelkees, Hohe Riffel, Totenkopf.
Im Stubachtal in den Hohen Tauern. Periklin, Magnetit, »Bergleder«, Olivin u. a.
Raurisertal
Und Umgebung; in den Hohen Tauern. Bergkristall, Adular, Chlorit u. a. Südlich von Koln-Saigura gelegentlich Gold.
Ankogelgruppe
In den Hohen Tauern. Bergkristalle, Rauchquarz, Adular, Rutil, Apatit usw.
Spittal
An der Drau. In einem Feldspatbruch Mineralien im Pegmatit.
Bleiberg
Bei Villach. Blei-Zink-Vorkommen mit einer Reihe verschiedener Mineralien.
Saualpe
In Kärnten. Nördlich Mösel und bei Hüttenberg zahlreiche Mineralien.
Bad Aussee
Im Salzkammergut. Steinsalz und Gips.
Sunk
Bei Trieben, ca. 50 km nördlich von Judenberg. Dolomit-, Quarz-, Apatitkristalle u. a.
Erzberg bei Eisenerz
Ca. 25 km nordwestlich von Leoben. Aragonit (»Eisenblüte«) u. a.

235 ...Wie auf einer Drehbank gedrechselt sitzen die fest geschlossenen Zapfen auf den Ästen der älteren Zedern.

236 Die stattlichen Pinien, einst das Wahrzeichen mittelitalienischer Küsten, schwinden immer mehr aus dem Landschaftsbild. Diese Bäume säumen die Ufer eines Küstenflüßchens zwischen Grosseto und Civitavecchia.
237 Der einzige Dattelpalmenwald des Kontinents erstreckt sich vor den Toren des spanischen Städtchens Elche unweit von Alicante. Im warmen, sonnigen Klima reifen die Früchte der Bäume voll aus.

Österreich
Mineralien

Oberdorf an der Laming
In der Steiermark. Pyrit, Magnetit, Coelestin, Dolomit, Baryt u. a.
Klöch
In der südöstlichen Steiermark. In einem Basaltsteinbruch Aragonit, Calcit, Chabasit u. a.
Senftenburg
Bei Krems an der Donau. Im Steinbruch »Königsalm« Quarz, Orthoklas, Mikrolin, Zirkon usw.
Schlaining
Bei Wiener Neustadt. In einem Antimonit-Bergbau gelegentlich Kristalle.

Italien
Vulkane und vulkanische Erscheinungen

Monte Amiata
In der Toscana. Erddampfquellen einer alten Vulkanregion. Die Erdwärme speist Kraftwerke mit mehr als 400 Millionen Watt Leistung.
Caldera di Manziana
Schwefelgasquelle bei Manziana, nördlich von Rom (vgl. Abb. 30).
Ischia
Alte Vulkaninsel mit Schwefelthermen und Dampfquellen. Schöne Tufflager.
Vesuv
Zur Zeit ruhender, aber noch längst nicht erloschener Polyvulkan bei Neapel mit mächtigem Krater (vgl. Abb. 5, 6, 24).
Phlegräische Felder
Solfatarengebiet bei Pozzuoli, westlich von Neapel (vgl. Abb. 26, 27).
Lipari
Insel nördlich von Ostsizilien. Die bezaubernde Landschaft der Insel ist ein einziges großes Vulkanologie-Lehrbuch mit Obsidianströmen, Bimshalden, Ignimbriten, Fumarolen usw. (vgl. Abb. 2, 12, 13).
Vulcano
Nachbarinsel Liparis mit bildschönem Krater (»Fossa«), einem Blocklavastrom, schönen Fumarolen und einem natürlichen heißen Schlammbad (vgl. Abb. 22, 23).
Stromboli
Nördlichste der Liparischen Inseln mit dem aktivsten Vulkan der Welt. Dauertätigkeit! (vgl. Abb. 8).

Italien

Ätna
Weltbekannter Polyvulkan im Osten Siziliens.

Gebirge und Gletscher

Italien ist reich an Gebirgen. Neben den Alpen im Norden durchziehen die Apenninen den eigentlichen »Stiefel«. Sie gliedern sich in sehr zahlreiche Bergstöcke auf. Die bedeutendsten italienischen Bergregionen sind:

Alpi Graie
Im äußersten Nordwesten, mit dem vergletscherten Gran Paradiso (4061 m). Nationalpark.

Alpi Orebie
Nördlich von Bergamo.

Ortler-Gruppe
Westlich von Bozen, mit Ortler (3902 m) und Monte Cevedale (3778 m). Eindrucksvolles, stark vergletschertes Massiv.

Adamello-Gruppe
Südlich der Ortler-Gruppe

Brenta-Gruppe
Südwestlich von Bozen (vgl. Abb. 39).

Dolomiten
Südöstlich von Bozen, mit vielen sehr namhaften Berggruppen (vgl. Abb. 34, 35, 37, 40 bis 42).

Alpi Venete
Voralpen südlich der Dolomiten.

Appennino Ligure
Im Hinterland des Küstenstreifens Genua–La Spezia.

Appennino Tosco-Emiliano
Nordöstlich und nördlich von Florenz.

Alpi Apuane
Bei Carrara, mit weltbekanntem weißem Marmor.

Appennino Umbro-Marchigiano
Im Gebiet um Perugia.

Monti Volsini
Altes Vulkangebirge nördlich von Viterbo.

Gran Sasso d'Italia
Fast 3000 m hoher Bergstock (Nationalpark) nordöstlich von Laquila.

238 Fluorid kann sich aus erstarrendem magmatischem Gesteinsschmelzen absetzen oder auch aus überhitzten hydrothermalen Lösungen ausfallen. Der Fundort dieser Stufe ist Wölzendorf in der Oberpfalz.

239 Hier hat sich nach der Ausscheidung von Baryt aus hydrothermalem Wasser noch in kleinen und größeren Kristallkörnchen der dem Pyrit nahe verwandte Buntkupferkies abgesetzt. – Fundort: Medebach-Dreislar im Rothaargebirge.

240 Gipskristalle scheiden sich ähnlich wie Kochsalz oder Calcite oft aus wäßrigen Lösungen aus. Diese hier stammen aus dem Salzbergwerk von Bad Aussee in Österreich.

Italien

Gebirge und Gletscher

Abruzzi
Südwestlich von Sulmona (Nationalpark).
Appennino Napoletano
Im Hinterland Neapels.
Monte Gargano
Waldiges Bergland im »Sporn« des italienischen Stiefels.
Sila-Gebirge
Bei Cosenza. Waldgebirge mit einer Reihe von Seen. Naturpark.
Aspromonte
Bergstock in der »Stiefelspitze«.
Sizilien
Wie das italienische Festland ist auch Sizilien sehr bergig.

Erosion

Erdpyramiden von Villar San Costanzo
An der Straße von Donero nach Busca in den Seealpen.
Erdpyramiden am Ritten
Nordöstlich von Bozen (vgl Abb. 92).
Pilzfelsen von Piana Crixia
Im Ligurischen Apennin bei Piana Crixia. Mehrere Tonnen schwerer Stein auf 15 m hoher Säule aus Konglomeraten. In Italien einzigartig.
Pietra di Bismantova
Bei Castelnuovo ne' Monti (Reggio Emilia). Eindrucksvoller Tafelberg mit steilen Erosionswänden.

Schluchten

Die Schlucht von Furlo
Bei Furlo in den Marken.
Das Infernaccio (Hölle) der Tenna
Eindrucksvolle Klamm des Tenna-Flusses in den Marken.
Die Corno-Schlucht
Bei Triponzo.
Die Schlucht von Chia
Bei Viterbo.
Die Klamm von Santo Spirito
Im Maiella-Gebirge in den südlichen Abruzzen.
Die Klamm des Quirino
Eindrucksvoller Cañon bei Guardiaregia im Maltese-Gebirge.

Italien
Höhlen

Grotta di Bossea
In Bossea, ca. 30 km südöstlich von Cuneo. Unterirdischer Fluß, formenreicher Sinter.
Grotta delle Meraviglie
Bei Zogno, ca. 10 km nördlich von Bergamo. Kleine aber hübsche Tropfsteinhöhle.
Grotta Parolini
In Oliero bei Bassano, ca. 35 km nordwestlich von Vicenza. Karstquelle mit kleiner Tropfsteinhöhle.
Grotta Gigante
7 km nördlich von Triest. Über 100 m hoher Dom mit großen Palmstammstalagmiten.
Grotta di Toirano
In Toirano, ca. 30 km südwestlich von Savona. Sehr schöne mittelgroße Tropfsteinhöhle.
Grotta Valdemino
In Borgio Verezzi, ca. 20 km südwestlich von Savona. Eine der eindrucksvollsten italienischen Tropfsteinhöhlen.
Grotta del Vento
Bei Gallicano, ca. 25 km nordnordwestlich von Lucca. Interessante Karsthöhle mit schönen Tropfsteinen.
Grotta Maona
In Montecatini. Große Tropfsteine.
Grotta Azzurra
Die weltberühmte Blaue Grotte von Capri. Meereshöhle.
Grotta di Smeraldo
Kleine Karsthöhle auf Meeresniveau zwischen Positano und Amalfi. Schöne Sintergebilde.
Grotta di Castelcivita
Bei Castelcivita, ca. 50 km westsüdwestlich von Potenza. Farbiger Sinter, interessante Erosionsformen.
Grotta di Pertosa
Bei Pertosa, ca. 30 km westsüdwestlich von Potenza. Aktive Flußhöhle mit reichhaltigem Sinter.

241 Heißwasser aus dem Erdinneren kann in verfestigten Sedimenten durch chemische Veränderungen zur Kristallbildung führen. Hier sind kleine Pyrite im feinkörnigen weißen Dolomit entstanden. – Fundort: Lengenbach im Binntal, Wallis.

242 Bekannt geworden durch seine reichhaltigen hydrothermalen Minerallager ist Idar-Oberstein am Rande des Nordpfälzer Berglands. Hier fanden und finden sich in Aufschlüssen oft auch Achatdrusen mit schönen Amethystkristallen.

243 Je nach Beimengungen können Bergkristalle milchig (wie in Abb. 244), rauchfarben, rosenrot oder wasserklar heranwachsen. – Diese Stücke stammen vom Lukmania-Paß in der Schweiz.

Italien

Höhlen

Grotta di Castellana
Bei Castellana in Apulien, ca. 35 km südöstlich von Bari. Eine der hervorragendsten und eindrucksvollsten Tropfsteinhöhlen Italiens, ja ganz Europas (vgl. Abb. 119, 123, 125, 126).

Grotta Zinzulusa
In Castro Marino, ca. 25 km südöstlich von Lecce. Kleine aber hübsche Tropfsteinhöhle.

Wasserfälle

Valle d'Inferno
In der Nähe des Simplontunnels. Wasserfälle des Torrente Devero.

Der »Spissante« von Moggio
Bei Moggio in den Karnischen Alpen.

Die Wasserfälle von Terni
Bei Terni. Der Besuch der imposanten Fälle lohnt nur an Sonn- und Feiertagen. Werktags leitet ein Kraftwerk das Wasser um.

Moore und Sümpfe

Torfmoor von Provaglio
Südlich von Iseo. Landschaftlich sehr schön und botanisch interessant.

Die Valli
Ca. 170 km^2. Sumpfgebiet mit Lagunen an der Pomündung. Vogelparadies.

Die Sümpfe Friauls
Zwischen dem Adriatischen Meer und den höher gelegenen Landstrichen der Poebene. Interessante Niederungsmoore.

Die Maremmen
15 km südlich von Grosseto, an der Ombronemündung (vgl. Abb. 178).

Trasimener See
Die Uferregionen sind verlandendes Sumpfgebiet mit dichtem Röhricht.

Cervaro- und Celano-Mündungen
Südlich des Gargano im Norden Apuliens.

Die Ciane-Quelle bei Syrakus
Ostsizilien. Mit dem einzigen wilden Papyrusbestand Europas (vgl. Abb. 177).

Italien

Meeresküsten

Riviera di Ponente
Felsenküste mit Sandbuchten westlich von Genua. Einst paradiesisch schön, heute vollkommen verbaut und verschmutzt.
Riviera di Levante
Östlich von Genua. Entspricht der Riviera di Ponente.
Cinque Terre
Sehr malerisches Steilküstengebiet nördlich von La Spezia.
Viareggio
Nördlich und südlich der Stadt ehemals schöner, heute überfüllter Sandstrand. Im Meer Industrieabwässer.
Insel Ponza
Im Golf von Gaeta. Die Cala d'Inferno auf dieser Insel fasziniert mit einer wilden Steilküste aus vulkanischem Fels.
Amalfi
Im Golf von Salerno mit bis zu 140 Meter hohen Kliffs.
Insel Capri
Zerklüftete Felsküsten mit Bögen und vorgelagerten Klippen.
Zyklopenlido
Bei Aci Trezza, südlich von Acireale, an der Ostküste Siziliens. Vorgelagerte imposante Basaltklippen.
Die Basilicata
Im Golf von Tarent bei Lido di Metaponto schöner Sandstrand. Noch weitgehend unberührt.
Testa di Gargano
Südlich von Vieste eine der faszinierendsten und wildesten Steilküsten des ganzen Mittelmeerraumes. Bis jetzt noch Geheimtip!
Tremiti-Inseln
Nördlich des Gargano. Malerische Felsbuchten.
Grado-Lignano
Im Norden der Adria schöne Sandstrände. In der Urlaubssaison überlaufen.

Wälder

Wald von Valsolda
Am Nordufer des Luganer Sees. Ursprünglicher, schöner Mischwald.
Das Naturschutzgebiet von Paneveggio
Unweit von Predazzo. 200 bis 300 Jahre alter riesiger Fichtenwald.

244 Zu den häufigsten und zugleich schönsten Mineralien der Alpen gehört der Bergkristall. Im Wallis bildet er sich gelegentlich in Form langer schlanker Nadeln.

245 Auch Calcit ist ein recht reichlich vertretenes Mineral. Der Reichtum seiner verschiedenen Kristallformen ist gewaltig (vgl. auch Abb. 126). Diese Kaktuscalcite stammen aus einem Steinbruch bei Obernburg am Main, südlich von Aschaffenburg.

246 Wie dicht Fossilien in manchen Schichten lagern können, zeigt diese Ammonitengruppe, die ein Sammler bei Ebermannstadt in der Nähe von Nürnberg fand.

Italien

Wälder

Der Wald von Tarvis
Westlich von Tarvis, im Fellatal. Einer der größten und schönsten Wälder Italiens.
Pinienwald von Bibione
Westlich der Tagliamento-Mündung.
Pinienwald von San Vitale
Bei Ravenna. Einer der schönsten Pinienbestände Italiens.
Die Pinienwälder von Versilia
Nördlich der Serchio-Mündung bis Viareggio.
Silagebirge
In Kalabrien. Hier finden sich große Bestände der stattlichen Kalabrischen Kiefer. Naturpark.

Mineralien

Traversella
Nordwestlich von Ivrea. Pyrit, Magnetit, Granat usw.
Baveno
An der Westseite des Lago Maggiore. Orthoklas, Quarz, Chabasit.
Val Malenco
Bei Sondrio im Bergell. Granat, Quarz, Rutil, Orthoklas, Olivin, Epidot, Asbest, Apatit, Spinell und viele andere.
Seiser Alpe
Nördlich der Langkofelgruppe in den Dolomiten. Analcim u. a.
Carrara
Bei La Spezia. In den großen Marmorbrüchen sehr schöne Bergkristalle.
Gavorrano
Bei Follonica. Pyrit, Quarz, Gips.
Insel Elba
Bei Rio Marina und La Calamita sehr schöne Pyrit- und Hämatitkristalle.
Monte Somma
Teil des Vesuvs. Augit, Biotit, Vesuvian.
Agrigento
Im Süden Siziliens. In mehreren Gruben große Gipskristalle. Auch Schwefelkristalle, Aragonit, Calcit, Coelestin.

Italien
Mineralien

Caltanisetta
Auf Sizilien. In mehreren Gruben in der Umgebung Schwefel-, Calcit-, Aragonit- und Coelestinkristalle.

Sardinien
Gebirge

Besonders der Osten Sardiniens ist bergig. Wildes, unberührtes Bergland findet sich zwischen Siniscola und Nuoro. Am Gennargentu entsteht ein vielseitiger Nationalpark.

Erosion

Santa Teresa di Gallura
Nördlich des Ortes bizarre Winderosionen im rosafarbenen Granit.

Höhlen

Grotta di Nettuno
13 km westlich von Alghero. Karsthöhle auf Meeresniveau mit schönen und oft sehr großen Versinterungen.
Grotta del Bue Marino
Im Golf von Orosei. Karsthöhle auf Meeresniveau mit schönem Sinter.

Meeresküsten

Steilküste von Arbatax
Bei Nuoro. Bizarre zerklüftete Felsen.
Costa Paradiso
Ca. 35 km nordöstlich von Castelsardo. Malerische Felsküste mit schönen Buchten.

Mineralien

Iglesias
Am Monte Cani und am Monte Poni Bleiglanz, Zinkblende, Kupferkies, Quarz u. a.

Griechenland und Kreta
Vulkane

Santorin
Kykladeninsel südöstlich von Athen. Ruhender, in protohistorischer Zeit sehr aktiver Vulkan (vgl. Abb. 9).

Gebirge

Griechenland ist durchweg bergig. Den Landesnorden nimmt zum großen Teil das bis zu 2500 Meter hohe Pindos-Gebirge ein, den Süden beherrscht der etwa ebenso hohe Peloponnes. Besonders erwähnenswert sind der ausgesprochen alpine Olymp (2918 m), westlich

247 Manchmal bilden sich aus den Weichteilen abgestorbener Tiere wie dieser Ammoniten aus der Gattung Acanthoceras unter dem Druck der Sedimente Schwefelmineralien: Die Fossilien pyritisieren. – Fundort: bei Nürtingen am Neckar.

Griechenland und Kreta

Gebirge

des Golfs von Thessaloniki, und der Berg Athos, der sich mit 2033 Metern Höhe auf einer schmalen langen Halbinsel südöstlich von Thessaloniki erhebt.
Auch Kreta ist ausgesprochen bergig. Die beiden dominierenden Gipfel sind der 2452 Meter hohe Pachnes und der 2456 Meter hohe Idi.

Erosion

Meteora
Die Felsen von Meteora, ca. 70 km westlich von Larisa.

Schluchten

Langada-Schlucht
Nordwestlich von Sparta.
Samaria-Schlucht
Auf Kreta. Herrlich zu durchwandern (18 km) (vgl. Abb. 85).

Höhlen

Koutouki-Höhle
Bei Liopessi in der Gegend von Paiania. Schöne Tropfsteinhöhle mit buntem Sinter.
Höhle Anemotrypa Pramanton
An der Straße von Arta nach Pramanta. Unterirdischer Fluß, schöner bunter Sinter.
Peramatos-Höhle
Bei Joannina. Eine der schönsten Tropfsteinhöhlen des Balkans.
Droggorati-Höhle
In Chaliotata bei Sami. Schachthöhle.
Melissanis-Höhle
Bei Vlachata in der Gegend von Karavomylos. Großer Höhlensaal mit See und sehr schönem Sinter.
Höhle Aghia Sofia Mylopotamou
Bei Mylopotamos. Schöne Tropfsteinhöhle.
Antiparos-Höhle
Auf der Insel Antiparos (Kykladen). Tropfsteine während des Zweiten Weltkrieges weitgehend zerstört.
Glyfada-Höhle
Bei Diros, ca. 35 km von Gythion. Karsthöhle auf Meeresniveau. Eine der schönsten Seehöhlen der Welt.

Griechenland und Kreta
Höhlen

Alepotrypa-Höhle
200 m östlich der Glyfada-Höhle. Großer unterirdischer See, reiche Versinterungen.
Nur diese neun Höhlen sind in Griechenland für Touristen erschlossen. Darüber hinaus verfügt das karstreiche Land über rund 6200 Höhlen, 3200 davon allein auf Kreta.

Meeresküsten

Sandstrand von Kyllini
Nordwestlicher Peloponnes. Schöner Strand mit malerischen Dünen.
Sfaktiria
Bei Pylos, südwestlich von Kalamai. Mächtiges Felstor in herrlicher Steilküste.
Chalkidiki
Landstrich südöstlich von Thessaloniki. Küstenstriche mit schönen Erosionsfelsen.
Lalaria
Auf der Insel Skiathos, südöstlich von Bolos. Felsküste mit Naturbogen.
Insel Zakynthos
Westlich des Peloponnes. Kalkfelsküste mit schönen mächtigen Bögen und Grotten.
Insel Lefkas
Südöstlich von Korfu. Felsküste mit Grotten.
Korfu
Bei Palaiokastritsa mächtiger Steilfelsen mit vorgelagertem schmalem Kiesstrand.

Mineralien

Crysa
Bei Xanti, Nordostgriechenland. In einem Marmorbruch Pyritkristalle.
Laurion
Ca. 50 km südwestlich von Athen. Zinkspat, Annalbergit.
Insel Sefiros
Ilvaitkristalle.
Insel Naxos
Korund in Schmirgellagern.

Malta

Höhlen

Die Höhle von Ghar Dalam
Im Süden der Insel. Die Höhle ist ein faszinierendes Fossilienlager mit Versteinerungen von zum Teil längst ausgestorbenen Tierarten, die hier vor 170000 Jahren lebten: Zwergelefanten, Flußpferde, eine Riesenhaselmaus, Schildkröten, Vögel u. a.
Die Blaue Grotte
Im Süden. Malerische Meeresgrotte.
Alabasterhöhlen
Bei Xaghra auf der Insel Gozo. Alabasterartige Tropfsteine.

Meeresküsten

Ghar Hasan
Im Süden der Insel. Imposante Steilküste mit einer riesigen Grotte.
Insel Gozo
Gozo hat eine Reihe bezaubernd schöner Felsküsten, besonders auch an seinem »Binnenmeer«.

Register

Die kursiven Begriffe und Ziffern sind Bildnummern und keine Seitenziffern. Die im Kapitel »Naturwunder in Europa–wo sie zu finden sind« (Seite 243) aufgeführten Begriffe erscheinen nicht im Register.

Felix R. Paturi
Zeugen der Vorzeit
Auf den Spuren europäischer Vergangenheit
344 Seiten, 205 Abbildungen, 5 Karten, gebunden

»Wer sich für Menhire und Nuraghen, Felsbilder und Sonnentempel interessiert, wer sich beweisen lassen möchte, daß Europas Vorgeschichte hochinteressant sein kann, wenn sie lebendig geschildert wird, der wird sich mit diesem gründlich erarbeiteten, zugleich mit leichter Hand geschriebenen Buch nachhaltig befreunden.«
Westermanns Monatshefte

»Das Buch liest sich wie ein Abenteuerroman: Abenteuer Archäologie, wer sich ihr verschrieben hat, kommt nicht mehr davon los. Wie lebten unsere Vorfahren? Paturi gibt Antworten.«
Recklinghäuser Zeitung

Ernst Haas
In Deutschland
Vorwort von Thilo Koch
32 Seiten Text, 152 Seiten Bildteil
mit 132 Abbildungen, Leinen im Schuber

Dieser Band ist auch in folgenden Sprachen lieferbar: Englisch, Französisch, Spanisch, Brasilianisch-Portugiesisch.

»Ein ungewöhnlicher, nicht schmeichelnder, sondern wirklichkeitsnaher Bildband über deutsche Menschen, deutsche Lande und deutsches Leben.«
Photo-Presse

»Ein Buch voller fotografischer Kunstwerke, das nicht das Deutschland der Werbeprospekte zeigt, sondern den Menschen in der Bundesrepublik.«
Stuttgarter Zeitung

»Man spürt in diesen Bildern nicht nur, was geschieht, sichtbar wird auch die ›Meinung‹ des Fotografen: Anerkennung oder Ablehnung, Zweifel oder Begeisterung. Also kann der Betrachter des Autors Fotowanderung durch deutsche Lande auch geistig nachvollziehen.«
Leica Fotografie

»Erfreulich unkonventionell sieht Ernst Haas Deutschland und die Deutschen. Bilder aus dem offiziellen Leben, Bilder aus dem Alltag wechseln mit dem politisch symbolhaften und intimen Detail. Er zeigt in seinen Bildern den Hintergrund des vordergründig Sichtbaren. Durch seine Art zu fotografieren wird der Betrachter von der bloßen Wiedergabe der Wirklichkeit zur Anschauung des Gesamtbildes ins Detail geführt.«
novum gebrauchs graphik

Maremmen 166f., *178*

Ernst Haas
Im Himalaya
Pilgerfahrt zum Dach der Welt
168 Seiten, 141 Abbildungen in Farbe,
Leinen im Schuber

Das gewaltige Bergmassiv des Himalaya, gesehen mit den Augen von Ernst Haas, dem »Weltmeister der Fotografie« – dieser Band gehört zu den herausragenden Leistungen unseres Jahrzehnts auf dem Gebiet der Fotografie. Haas führt den Leser und Betrachter durch Mussoori, Dharamsala, Nepal, Bhutan, Ladakh und die Kalachakra-Zeremonie, erschließt ihm die imponierende Vielfalt und überwältigende Farbenpracht der Bergwelt, der Menschen und ihrer religiösen Gebräuche. Haas malt mit der Kamera, seine Bilder sind der Ausdruck seiner Gefühle und Empfindungen, sein Buch ist das Erlebnis einer einzigartigen Pilgerfahrt zu den Stätten des Buddhismus.

»Ernst Haas ist Reporter und Bild-Dichter. Er produziert Effekte und meditiert mit der Kamera.«
Westdeutsche Allgemeine Zeitung

»Ernst Haas ist einer der ganz großen Meister der Photographie.«
Der Photograph

Mi Jepsen-Föge
Märchenhafte Deutschlandreise
Städte und Landschaften alter Märchen, Sagen und Legenden
312 Seiten, 15 Federzeichnungen, gebunden

»Das Buch ist sozusagen ein märchenhafter Reiseführer, der sehr lustig zu lesen ist und zur Nachahmung reizt: Vom hohen Norden bis zum Rheintal, von Bayern bis zum Bodensee in Vergangenem herumstöbern, Bauwerke und Landschaften auf Geister absuchen.«
Berliner Morgenpost

»Mi Jepsen-Föge hat sorgfältig all das zusammengetragen, was man heute noch sehen und erleben kann, wovon die Märchen berichten. Die Märchenreise durch Deutschland beginnt im hohen Norden, führt über die Lüneburger Heide, Westfalen, Harz und Rhön zum Industriegebiet, bis nach Aachen. Weiter geht es durchs Rheintal, durch Schwaben und Bayern zum Bodensee. Aber auch die deutschen Landschaften um Berlin, in Ostpreußen, Thüringen, Sachsen und Schlesien geben ihre sagenumwobenen Geheimnisse preis.«
Madame

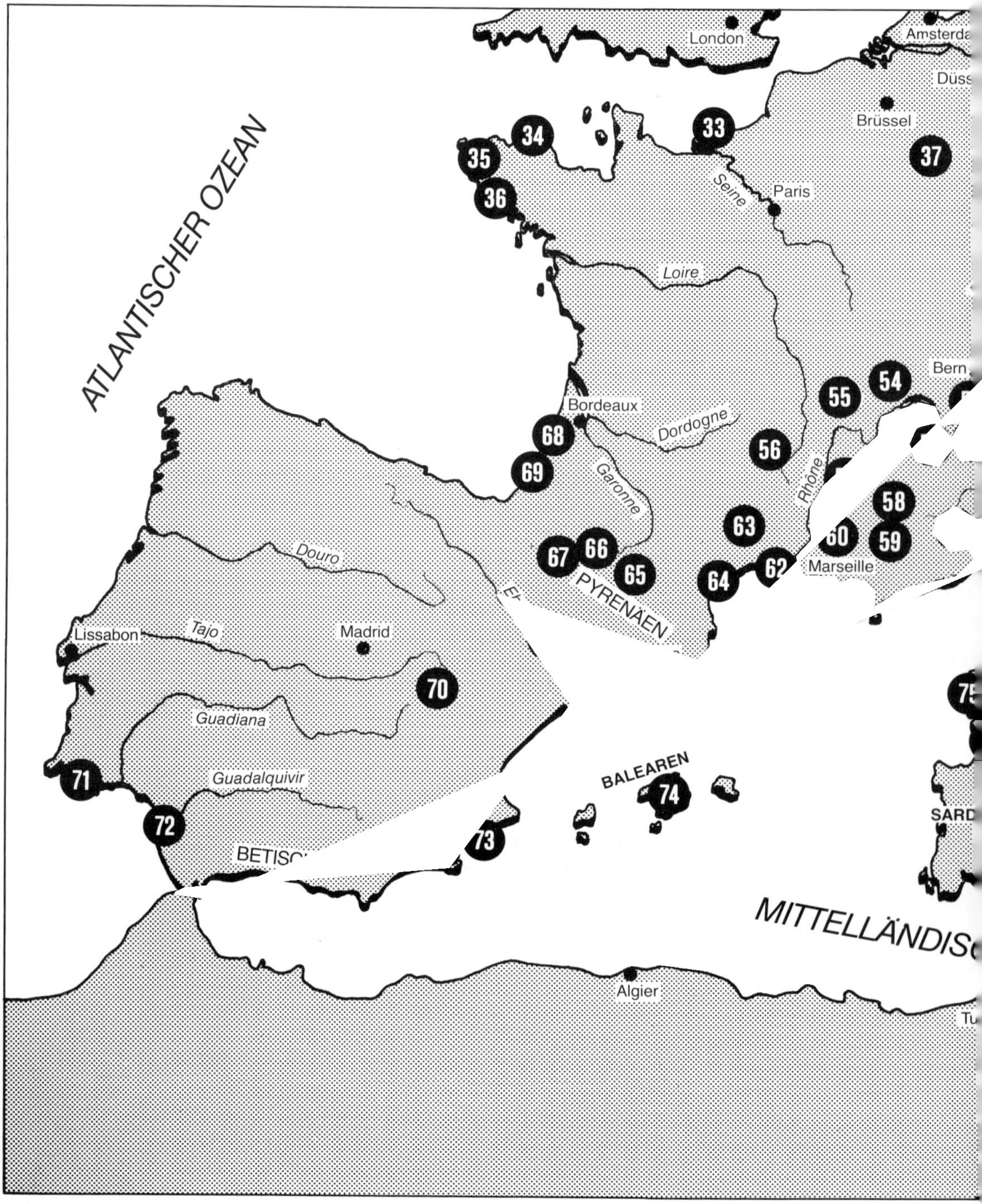

Bildnummer	
45	= 39, 103
46	= 38, 65
47	= 107, 176
48	= 169
49	= 127, 128, 170
50	= 50
51	= 31, 32, 33, 36, 45, 51, 52, 53, 54, 55, 58, 59, 60, 61, 79, 82, 83, 142, 143, 150, 151, 217,

Bildnummer	
52	= 48, 49, 57, 93, 141
53	= 47
54	= 81, 112, 113, 114, 116, 117, 120, 121, 139
55	= 173, 174
56	= 16, 17
57	= 132
58	= 215
59	= 88, 89, 90

Bildnummer	
60	= 94, 212, 213, 234
61	= 196
62	= 179, 180
63	= 80, 87, 91, 108, 130, 134, 137, 138, 144, 145
64	= 111
65	= 226
66	= 122, 129
67	= 56, 115, 146